농축 수면

DAREDEMO KANTAN NI TSUKARENAI KARADA GA TE NI HAIRU
NOUSHUKUSUIMIN ® METHOD
© MIE MATSUMOTO 2019
Originally published in Japan in 2019 by KANKI PUBLISHING INC., TOKYO,
Korean translation rights arranged with KANKI PUBLISHING INC., TOKYO,
through TOHAN CORPORATION, TOKYO, and EntersKorea Co., Ltd., SEOUL.

자고 싶을 때 못 자고,
깨고 싶을 때 못 깨는 사람들을 위한 책

농축 수면

마츠모토 미에 지음 | 박현아 옮김

느낌있는책

□ 일이 바빠서 충분히 잠을 잘 수 없다.

□ 잠자리가 불편하다. 얕은 잠을 자는 것 같다.

□ 수면 부족으로 언제나 머리가 멍하다. 최근에는 집중력도 떨어진
  느낌이다.

□ 잠을 자도 피로가 사라지지 않는다. 언제나 몸이 무겁다.

□ 휴일에는 평일의 수면 부족을 보충하듯이 오후 늦게까지 잔다.

이 책을 손에 든 당신은 분명 잠에 대한 고민을 하고 계실 거라 생각합니다. 현대 사회에는 수면으로 고민하는 사람들이 많습니다. 사실 '이상적인 잠을 자지 못한다'는 의미에서는 현대인의 대부분이 수면으로 고민하고 있다고 할 수 있습니다.

몇 년 전에는 '수면 부채(sleep debt)'라는 말이 유행하는 신조어 톱텐에 들었습니다. 수면 부족이 쌓이면 몸과 마음에 심각한 피

해를 줍니다. '수면 부채'라는 단어가 일반 사람들에게 알려지게 된 것도, 잠에 대해 고민하는 사람이 얼마나 많은지 보여주는 듯 합니다.

'바쁜 일상, 한정된 시간 안에 좀 더 잘 자고 싶다.'

이것은 현대인들의 절실한 바람입니다. 물론, 잠을 자기만 하면 되는 이야기가 아닙니다.

잠을 잘 자고 몸 상태를 개선하고 싶다.
건강해지고 싶다.
활력이 넘치는 생활을 하고 싶다.
좀 더 즐겁게 웃으며 일하고 싶다.
업무 생산성을 높이고 싶다.
활기찬 비즈니스맨이 되고 싶다.

우리가 더욱 나은 잠을 원하는 이유는 더욱 나은 삶을 살고 싶기 때문입니다. 그런 바람을 갖고 이 책을 손에 드신 분들도 많으실 테지요. 이 책은 그런 당신의 바람을 실현하기 위해 '농축수면법'을 제안합니다.

오전 2시에 자고 오전 5시에 기상하는 '농축 수면' 생활

저는 도쿄 미나미아오야마에서 '프로스퍼 뷰티'라는 수면 개선과 자세 교정 살롱을 운영하고 있습니다. 원래는 골반 같은 뼈를 바로잡아 보디라인을 아름답게 만드는 골격 교정이 주된 일이었으나, 최근에는 비즈니스맨을 중심으로 한 고객님들의 수면 개선을 도우며 미디어에 출연하는 일이 늘어났습니다. 저는 지금까지 5천 명이 넘는 사람들의 수면 개선에 관여해왔습니다.

그런 저 자신이 현재 어떤 '수면 생활'을 하고 있는지 말해보겠습니다.

대체로 오전 2시 경에 잠자리에 듭니다.
기상은 4시 반~5시 반 사이입니다.

즉 3시간 전후의 수면 시간을 가집니다. 휴일에 몰아서 자지도 않습니다. 매일 3시간만 자는 수면 생활을 4년 정도 계속하고 있습니다.

3시간밖에 자지 않아도 아침에 개운하게 일어납니다. 낮에도 졸리지 않으며 고객 응대나 시술에 집중합니다. 그뿐만이 아닙니다. 기업에서 개최하는 수면 개선 세미나나 강연회에서 강사로 활동하고, 이번처럼 책을 집필하는 등 새로운 일에 점점 더 많이 도전하고 있습니다.

이렇게 바쁘게 일하지만 아침과 밤에는 충분한 자유 시간이 있으므로 일이 끝난 후에 영화를 2편이나 보기도 합니다.

3시간만 자면서 매일 건강하게 생활하고 있다고 하면 놀랄지도 모릅니다. 믿지 못하는 분들도 계시겠지요. '원래 체질적으로 잠이 적은 사람이 아닐까?'라고 생각할지도 모릅니다. 하지만 그렇지 않습니다. 이런 라이프스타일이 가능한 이유는, 제가 이 책에서 이야기하는 '농축 수면법'으로 짧은 시간에 깊은 잠을 자기 때문입니다.

잠을 바꾸는 것은 인생을 바꾸는 것

옛날에 저의 수면 시간은 지금과 전혀 달랐습니다. 저는 절대 잠을 적게 자는 사람이 아니었습니다. 가능하다면 8시간, 여유가 된다면 10시간이나 자고 싶어 했고, 아침에 일어나는 일이 괴로웠습니다.

게다가 미용 일을 하고 있어서 자주 늦게까지 일했습니다. 특히 독립해서 살롱을 오픈한 뒤부터는 스스로 모든 걸 해야 했기 때문에 절대로 8시간 이상 잘 수가 없었습니다.

매일 아침 너무 졸려서 저는 그저 일어나는 것만으로도 고통스러웠습니다. 게다가 '다시 자기' 상습범이었기 때문에 아슬아슬하게 일어나 급하게 준비하고 출근했습니다. 매일 아침 지각 위기였습니다. 낮에도 어쩐지 멍해서 집중력이 지속되지 않았습니다.

휴일에는 평일의 수면 부족을 보충하듯이 12시간 이상 잔 적도 있습니다. 심지어 14시간 동안 잔 적도 있습니다. 그렇게 해서 피로가 풀린다면 다행이겠지만, 오히려 몸이 나른하고 머리가 무거웠습니다. "아, 또 귀중한 휴일을 쓸데없이 보내버렸네." 라며 후회만 했습니다.

그런 생활을 했으나 미용, 건강과 관련된 일을 하기 때문에 피곤한 얼굴로 손님을 대할 수는 없었습니다. 졸린 눈을 비비며 어떻게든 기력을 짜내어 업무에 임하는 나날이 이어졌습니다.

이런 이야기를 하면 많은 분들이 "맞아, 그런 생활을 하지."라며 고개를 끄덕이실 거라 생각합니다. 맞습니다. 옛날의 저는 주변에서 쉽게 볼 수 있는 수면 고민이 많은 사람이었습니다. 그리고 그런 생활을 계속하면서 점점 몸이 안 좋아지고 말았습니다.

'이건 어떻게든 해야 한다. 정말 진심으로 수면 생활을 개선하고 싶다.'

이렇게 생각하고 주변을 살펴보니 매일 바쁜 생활 속에서 잠을 적게 자면서도 활기차게 일하는 사람들이 있었습니다.

수면 방법을 바꾸면 나도 달라질 거라는 생각으로 뇌 과학과 생리학, 해부학, 행동학 등을 공부하기 시작했고, 생활을 개선하면서 '농축 수면법'을 만들어냈습니다.

이렇게 수면을 근본부터 개선한 결과, 현재의 저는 3시간만 자고도 건강하게 일을 하고 있습니다.

저 자신을 위해 생각하고 실천했던 '더 나은 잠'을 잘 수 있는 방법으로, 현재 저는 수면 개선 도우미 일도 하고 있습니다. 게다가 이렇게 책으로 여러분께 '농축 수면법'을 알려드릴 수 있게 되었습니다.

물론 이 책에서는 갑자기 "오늘 밤부터 3시간만 잡시다."라고 제안하지 않습니다. '무엇보다 수면 시간을 짧게 줄이는 것'이 목적이 아닙니다. 이 책에서는 한정된 시간 안에 수면의 질을 높이기 위한 현실적인 방법을 제안해드리고 싶습니다.

물론 수면의 질이 높아지면 수면 시간이 짧아집니다. 저처럼 3시간만 자는 사람도 있을 것이고 4시간 반~5시간만 자는 사람도 있을 것입니다. 몇 시간을 자는 사람이든 수면의 질이 상승하면 집중력이 높아지고 업무 효율이 극적으로 향상됩니다.

일 처리 속도가 빨라지면 자유롭게 쓸 수 있는 시간도 늘어납니다. 활력 넘치는 개인 시간도 늘어날 것입니다. 새로운 취미를 시작하거나 새로운 일에 도전할 수도 있습니다.

실제로 농축 수면법을 배우고 실천한 고객 분들은 높은 확률로 새로운 일을 시작했습니다.

"전부터 흥미가 있었던 골프를 시작했습니다." "책을 많이 읽게 되었습니다." "아침 시간에 글을 써서 책을 냈습니다."와 같은 이야기를 종종 들었으며, 전혀 다른 업종으로 이직하거나 해외에 진출해 새로운 일을 시작한 분들도 있습니다.

이처럼 수면의 질을 높이는 것은 몸 상태와 정신 건강의 개선, 업무 효율의 상승으로 이어집니다. 더 나아가 인생이 달라질 정도로 커다란 의미가 있습니다.

'농축 수면법'으로 수면의 질이 이렇게나 바뀐다

여기에서 '농축 수면'의 콘셉트를 간단히 소개해보고 싶습니다.

먼저, 정의부터 말하자면 '농축 수면'이란 잠이 든 지 30분 이내에 제일 깊은 수면인 논렘수면 상태에 접어들고, 일정 시간 동안 깊은 수면 상태를 유지할 수 있는 수면입니다.

전문 용어가 있어서 조금 이해하기 힘들지도 모릅니다. 알기 쉽게 말하자면 다음과 같습니다.

침대에 누워 바로 깊은 잠에 들고, 깊은 잠이 지속된다.

그 결과, 더욱 짧은 시간 동안 깊은 잠을 잘 수 있는 방법이다.

일반적으로 사람이 깊은 잠에 도달할 때까지 약 90분이 걸린다고 합니다. '농축 수면'에서는 그 3배의 속도, 즉 30분 이내에 깊은 잠이 들 수 있게 됩니다.

'짧은 시간 동안 깊이 잔 결과, 오래 뒤척이며 잔 것보다도 오히려 몸이 편안해져서 두뇌 회전도 좋아지고, 효율이 상승한다. 이로써 활기차고 충실한 생활을 할 수 있게 된다.' 이것을 가리키는 말이 바로 '농축 수면'입니다.

여기서 포인트는 '깊은 수면'입니다. '잠이 부족하네'라고 느끼는 사람은 깊은 수면을 충분히 취하지 못하는 상태입니다. 자세한 내용은 본문에서 설명하겠으나, 현대인의 생활은 깊은 잠을 방해하는 원인들로 가득합니다. 얕은 잠으로는 아무리 오래 자도 피로가 풀리지 않습니다.

또한 깊은 잠을 자는 사람도 잠이 깊어지기까지 시간이 많이 필요하다면 그 때문에 전체 수면 시간은 길어집니다. 좋은 잠은 시간이 아니라 '질'로 좌우됩니다.

최근에는 잠의 깊이를 스마트폰 앱 등으로 간단히 측정할 수 있습니다. 다음은 잠의 깊이를 '슬립 사이클'이라는 앱으로 측정한 그래프입니다.

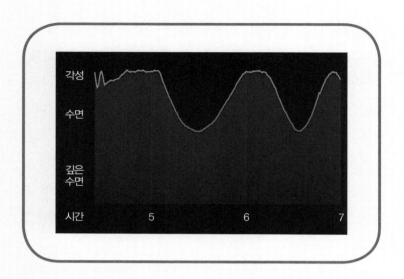

먼저 위 그림은 저의 고객인 A씨가 수면을 개선하기 전의 그래프입니다. 언뜻 봐도 알 수 있듯이 잠이 들고 일어날 때까지 수면이 전체적으로 얕은 추이를 보입니다. '거의 잠을 자지 않는다'라고 말해도 과언이 아닙니다.

다음은 저의 수면 그래프입니다. A씨의 그래프와의 차이를 한눈에 알 수 있습니다

잠에 든 직후, 한 번에 제일 깊은 잠에 빠져듭니다.
게다가 깊은 수면이 지속되어 마치 A씨의 그래프 모양을 거꾸

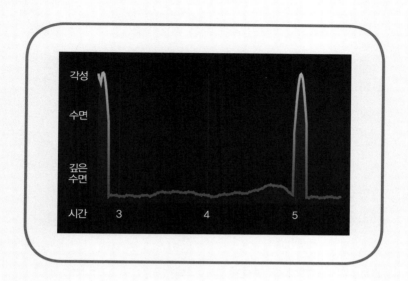

로 한 듯한 그래프 모양이 나타납니다.

　참고로 잠이 든 지 30분 이내에 제일 깊은 레벨의 수면에 도달하고, 그 상태를 지속할 수 있다면 질 높은 수면이라고 할 수 있습니다.

　저는 잠이 든 지 8~10분 만에 제일 깊은 수면에 들 수 있습니다. 그것을 나타내는 것이 바로 그래프의 제일 처음에 나타난 급강하입니다.

　이 두 가지 그래프를 본 사람은 대개 "앗, 이렇게 다르다니!" 하고 놀랍니다.

반복해서 이야기하지만 예전에는 저도 잠을 잘 자지 못해 고민했습니다. A씨와 마찬가지로 좀처럼 깊은 수면에 들지 못했기 때문에 오랫동안 잠을 잤고, 오래 자도 피로가 풀리지 않았습니다. 하지만 지금은 순식간에 깊이 잘 수 있게 되었습니다.

　그리고 A씨의 수면도 '농축 수면법'을 배우고 실천하여 크게 바뀌었습니다. 아래 그림은 수면을 개선한 뒤에 측정한 A씨의 수면 그래프입니다.

　이처럼 '농축 수면법'은 누구든 실천할 수 있는 방법입니다. 게다가 '농축 수면'에는 크게 어려운 점이 없으며 농축 수면을 위해 특별한 일을 해야 할 필요도 없습니다.

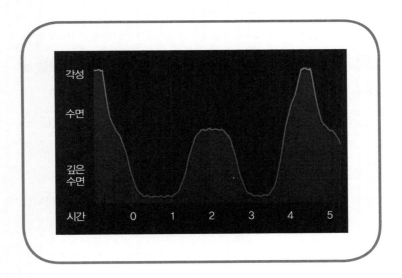

구체적인 방법은 본문에서 자세히 소개하겠으나, 예를 들어 간단한 마사지나 스트레칭, 수건 한 장으로 쾌적한 베개 만들기 등 간단하고 현실적인 생활 개선 방법으로 이상적인 잠을 잘 수 있습니다.

그러므로 이 책을 읽으며 '아, 이거라면 할 수 있겠다'라는 생각이 든다면 바로 시도해보십시오. 자신이 할 수 있을 것 같은 일들만 무리하지 않고 실천해보면서 계속 읽어가셨으면 좋겠습니다.

'좀 더 기분 좋고 건강하게 하루를 보내고 싶다.'
'새로운 일에 도전하고 싶다.'
'바쁘지만 좀 더 자유 시간을 갖고 싶다.'

수면의 질을 높이는 것은 이러한 바람을 이루고 인생을 좀 더 충실하게 만드는 첫걸음이 될 것입니다. 이 책을 통해 인생을 바꾸는 '농축 수면법'을 쉽고 즐겁게 배우고 실천해보셨으면 좋겠습니다.

수면 테라피스트
마츠모토 미에

농축 수면법이란?

'농축 수면'의 정의

잠이 든 지 30분 이내에 제일 깊은 수면 레벨인 '논렘수면 상태'에 접어들고 일정 시간 동안 깊은 수면 상태를 유지할 수 있는 수면.

'농축 수면'의 3요소

'농축 수면'은 다음의 세 가지 방법으로 더 빨리 깊은 잠이 들고, 그 잠을 지속할 수 있는 방법입니다.

1. 뇌 피로를 없앤다

뇌 피로란 말 그대로 뇌의 피로를 가리킵니다. 뇌가 피곤하면 자율신경 기능이 저하되어 깊이 잠을 잘 수가 없습니다.

뇌 피로를 느끼는 큰 원인은 '안정 피로'와 '과도한 스트레스'입니다. 이것을 없애는 것이 '농축 수면'의 주요 포인트입니다.

이 책에서는 안정 피로를 해소하는 마사지와 스트레스를 해소하는 노하우로 뇌 피로를 없앱니다.

2. 혈액 순환을 촉진한다

근육이 부드러워지면 혈액 순환이 좋아져서 부교감신경이 우위가 됩니다. 매우 부드러우며 이완된 몸은 빠르게 깊은 잠을 잘 수 있는 몸이기도 합니다. 혈액 순환은 '잠을 잘 수 있는 몸'을 만드는 데 중요한 역할을 담당합니다.

이 책에서는 혈액 순환을 개선하는 간단한 스트레칭 등을 소개해 드립니다.

3. 수면 환경을 정리한다

수면의 질과 수면 환경(침실 상태 등)은 크게 연관되어 있습니다. 예를 들어 침대 밑 같은 곳에 먼지가 쌓여 있으면 호흡이 얕아져 깊게 잠들 수 없습니다. 또한 침구 상태, 침실의 습도와 향기 등을 다시 점검하기만 해도 수면의 질이 훨씬 상승합니다.

이 책에서는 쾌적한 수면 환경을 만들기 위한 다양한 방법을 소개합니다.

차례

3장
30분 이내에 깊은 잠드는
몸 만드는 법

4장
잠의 효율을 최대로 끌어올리는 수면 환경 정돈법

5장
수면의 '질'을 극적으로 높이는 11가지 습관

부록
'농축 수면'을
실천하고 지속하기 위해

"좋은 잠이야말로 자연이 인간에게 부여해주는
살뜰하고 그리운 간호사다."

- 윌리엄 셰익스피어

1장

—

수면에 대한
의식을
개선하자

"언제 자는 거야?"
라는 말을 듣는 성공한 사람들

'나폴레옹은 3시간밖에 자지 않았다'라는 유명한 이야기가 있습니다. 어디까지가 사실이며 어디까지가 전설인지 알 수 없습니다. 하지만 겨우 3시간의 수면으로 천재적인 전략을 짜내고 탁월한 전술을 구사하여 연전연승했다는 이야기는 역사에 이름을 남긴 황제에 걸맞은 에피소드입니다.

또한 발명가 에디슨도 수면은 시간 낭비라고 생각했는지 평균수면 시간이 4~5시간이었다고 합니다.

현대의 저명인사들 중에도 수면 시간이 짧다고 알려진 사람들이 많습니다. 예를 들어 소프트뱅크 손정의 회장의 수면 시간은 3~4시간입니다. 미국의 도널드 트럼프 대통령도 3~4시간 잠을 잡니다. 참고로 미국의 전 대통령인 버락 오바마 대통령은 6시간 잠을 잤습니다. 놀랄 정도로 짧지는 않은데, 바쁜 사람치고는 표준 정도라고 합니다.

유명인에 한정된 이야기가 아닙니다. **최근에는 이른 아침인 4시나 5시에 일어나 공부 모임이나 독서회, 어학 학습 등 '아침 활동'에 힘쓰는 비즈니스맨이 늘어나고 있습니다.**
경영자 중에도 일찍 일어나는 습관을 가진 사람들이 눈에 띕니다. 아침 일찍부터 헬스장에 가거나 함께 골프를 치러 간다는 이야기도 자주 듣습니다. 저 역시 때때로 강연자로 초대되어 가는 모임을 보면, 조식을 겸해서 모임을 여는 경영자 그룹이 많습니다.

수면은 '양'이 아닌 '질'로 정한다

우리 주변에는 '도대체 언제 자는 거야?'라는 생각이 드는 사람들이 있습니다. 그런 사람들을 보면 취미도 많고 유능해서 언제나 많은 업무를 맡습니다. 회사 업무 외에도 부업을 하거나 육아를 병행하는 등 매일 바쁘게 하루를 보냅니다. 느긋하게 잘 수있는 여유 따위는 전혀 없어 보입니다. 실제로 수면 시간이 꽤적다고 본인들도 말합니다.

그런데도 전혀 잠이 부족해 보이지 않습니다. 언제나 활기차고 즐거워 보입니다. 오히려 만날 때마다 그들에게 에너지를 받을 정도지요. 이런 사람이 여러분 주변에도 있지 않나요?

잠을 조금밖에 자지 않는 성공한 사람.

잠잘 틈조차 없을 것처럼 바빠 보이는데 활력이 넘치는 사람.

이런 사람들의 존재는 잠에 관한 단순하지만 분명한 사실을 알려줍니다. 그것은 **좋은 수면은 수면의 양이 아니라 질이 중요하다는 것입니다.**

아무리 짧은 시간이라고 해도 수면의 질이 높으면 피로를 해소할 수 있으며 활기차고 효율적으로 생활할 수 있습니다. 이에 반해 수면의 질이 낮으면 아무리 오랜 시간 잠을 자도 '피로가 사라지지 않는다', '어쩐지 잠이 부족하다', '집중력이 발휘되지 않는다', '컨디션이 좋지 않다'라는 고민이 생기게 됩니다.

point 수면의 좋고 나쁨은 양이 아닌 '질'로 정해진다.

'8시간 수면'은
과연 옳은가?

처음에 이야기했듯이 수면 부족은 현대인의 큰 고민입니다. '수면 부채'라는 무서운 말이 유행할 정도죠.

그래서 수면을 개선하기 위해 어떻게 하면 좋을지를 화제로 삼으면 주로 수면 시간을 이야기합니다. '건강을 유지하는 데 필요한 충분한 수면 시간은 몇 시간인가?'라는 질문이 반드시 등장합니다.

이에 대해 여러 가지 설이 있다는 것은 이미 알고 계실 것입니다. 오래전부터 '인간에게는 8시간의 수면이 필요하다'라는 설이 알려져 왔습니다. 인간의 수면 시간은 90분 사이클이 표준이므로 90분의 몇 배수인 7시간 반이 최고라는 설도 있습니다.

이밖에도 7~8시간 자는 사람이 건강하긴 하지만, 9시간 자는 사람은 오히려 건강하지 않다는 데이터가 있는 등, 수면을 연구하는 학자들 사이에서도 아직 논의가 계속되고 있다고 합니다.

이러한 전문적인 논의를 소개하자면 끝도 없습니다. 그런 이야기만 해도 책 한 권이 나올 분량이지요. 물론 전문가의 자세한 연구는 수면을 개선할 때 참고가 많이 되며 존중할 필요도 있습니다. **하지만 우리는 실제 생활 속에서 더 좋은 수면을 취하는 것이 목적이기 때문에 논의에 휘둘리기보다는 그런 논의들을 요령 있게 활용해나갈 필요가 있습니다.**

잘 알려진 '수면 상식'을 의심해보자

무슨 말인가 하면, 먼저 '8시간 수면이 필요하다'든가 '7시간 반이 최적이다'라는 설은 어디까지나 많은 사람을 관찰한 뒤에 나온 표준적인 데이터에 근거하고 있다는 것입니다. **즉 자신이**

표준보다 질 좋은 수면을 취할 수 있다면, 수면 시간에 관한 상식이 반드시 올바르다고 할 수 없게 됩니다.

그리고 예를 들어 8시간 수면이 올바르다고 해도, 현실적으로 그것이 가능하냐는 문제도 있습니다. 평일에 일정하게 8시간 잠을 자는 생활은 바쁜 일상 속에서는 실현하기 어렵습니다. 그러므로 우리는 현실을 바탕으로 해서 수면을 개선해야 합니다.

실제로 7~8시간 정도의 수면이 필요하다는 상식에 반해, '농축 수면법'을 배워 실천하게 된 저의 고객 분들은 5시간이나 3시간 정도의 짧은 잠을 잡니다.

제 살롱의 졸업생이 있는 라인 메신저 그룹에서는 매일 아침 5시 전후에 모두 차례차례 나타나 "좋은 아침입니다."라고 인사를 나눕니다. 게다가 그저 수면 시간만 짧아진 게 아닙니다.

'업무 효율이 상승했다.'
'집중력이 높아졌다.'
'긍정적인 멘탈로 바뀌었다.'
'오래 잤을 때보다 몸이 더 편해졌다.'
등등, 수면 개선으로 생활이 좋아졌다고 저마다 이야기합니다.

농축 수면의 효과는 깊은 수면뿐만이 아니다

특히 '농축 수면법'을 실천하기 시작하면 제일 먼저 낮 동안의 집중력 변화를 실감하게 됩니다. 집중하려면 힘이 필요합니다. 뇌의 상태가 좋지 않으면 집중할 수 없습니다.

수면이 개선되어 깊게 잘 수 있게 되면 업무에 집중할 수 있어서 일과 관련된 결정을 하는 속도가 빨라지는 것을 실감할 수 있습니다. 그 결과, 결정을 미루는 일도 줄어듭니다.

어떤 업무든 다양한 결정의 축적이므로 판단 속도는 업무의 생산성에 직결됩니다. 그러므로 수면 개선이 업무 효율 향상으로 이어집니다.

또 이런 사례도 있습니다. 회사를 경영하는 고객 B씨는 50대입니다. 수면뿐만 아니라 커뮤니케이션 문제로도 고민하고 있었습니다.

먼저, 아버지와의 관계가 원만하지 않았으며 회사 직원들과의 관계에서도 벽이 생겨 커뮤니케이션이 원활히 이뤄지지 않았습니다.

수면 문제는 정신 건강과 깊이 관련되어 있습니다. 누구든 잠이 부족한 날에는 기분이 좋지 않은 법입니다. 게다가 별것 아닌 일에도 기분이 상하게 되어 정신 건강에 악영향을 끼칩니다.

B씨의 수면 문제는 가족 및 부하와의 커뮤니케이션 문제로 이어져 있었습니다. 그런 B씨가 '농축 수면법'을 실천하면서 크게 변화해갔습니다.

첫 번째 변화로 웃음이 늘어났습니다. 처음에 만났을 때와 비교해보면 몰라볼 정도로 잘 웃게 되었습니다.

표정과 함께 커뮤니케이션 태도도 변해갔습니다. 지금까지는 어떤 이야기든 '부정'부터 하곤 했지만, 먼저 상대의 말을 받아들이고 귀를 기울이는 여유가 생겨났습니다.

다음 장에서 자세히 설명하겠지만, '농축 수면법'으로 뇌의 피로를 푸는 방법을 통해 뇌기능이 향상되는 효과가 나타난 것이겠지요.

그 결과, B씨는 아버지와의 소원했던 관계도 원만해졌으며 '직원들이 말을 많이 걸어주게 되어 거리감이 줄어들었다'라고 이야기했습니다.

수면 개선의 효과는 집중력이나 생산성 향상뿐만이 아닙니다. **좋은 수면은 좋은 정신을 만듭니다. 이는 업무나 인생에 대한 긍정적인 자세를 만들어내며, 살아가는 기쁨이 커지고 인생이 더욱 풍요로워집니다.** 자기 자신에게만 유익한가요. 아닙니다. 달라진 본인과 관계를 맺고 있는 주위 사람들에게도 좋은 영향을 끼칩니다.

무엇보다 이러한 변화는 '8시간 수면'과 같은 상식에 따른 '긴 수면'이 아니라 수면의 질을 높이는 '좋은 수면'으로 일어난다는 것을 이해해주셨으면 좋겠습니다.

point 수면의 질을 높이면 인생 그 자체에 좋은 영향이 나타난다.

'골든타임',
'신데렐라 타임'의 오해

수면 시간에 대한 '상식'으로 '골든타임'이라는 말을 많이 들어 봤을 것입니다. 이른바 '22~2시까지는 수면의 골든타임이라 가장 질 좋은 잠을 잘 수 있다. 그러므로 가급적 이 시간에 잠을 자야 한다'라는 이야기입니다.

미용 분야에서는 오후 10부터 새벽 2시까지의 시간대를 '신데렐라 타임'이라고 부르기도 합니다. 이 시간에 취하는 수면은 성장 호르몬의 분비라든지 피부의 컨디션 등 미용적인 부분에 가장 큰 영향을 미칩니다. 아름다움은 '신데렐라 타임'으로 만들어지는 셈이지요.

'골든타임', '신데렐라 타임'에 대해 연구자들 사이에서 다양한 논의가 이뤄지고 있지만, 이 책에서 그 논의들을 자세히 다루지는 않을 것입니다.

다만, 전문가들 사이에서도 **"사실 '골든타임', '신데렐라 타임'에는 근거가 없지 않을까?"**라는 견해가 적지 않다는 이야기는 전달해드리고 싶습니다.

취침 시간대보다 얼마나 빨리 깊은 잠에 도달할 수 있는가가 중요하죠.

참고로 저는 수면을 개선하기 전에 눈 밑에 항상 다크서클이 있어서 고민이었습니다. 아무리 잠을 자도 좀처럼 없어지지 않았습니다.

다크서클로 고민하는 사람은 저의 고객 중에도 있었습니다. 아마 이 책을 읽는 여러분 중에도 있으리라 생각합니다. 그런 분들은 공감하시겠지만, 다크서클이 생기면 주변 사람들이 제가 피곤할 거라고 오해하는 게 스트레스입니다. 실제 컨디션과는 관계없이 "피곤해?" "힘이 없네."라는 말을 듣게 됩니다.

이처럼 저의 오랜 고민이었던 다크서클도 '농축 수면법'을 실천하여 수면을 개선한 뒤에는 완벽히 없어졌습니다. 피부 컨디션도 눈에 띄게 좋아졌습니다. 이전에는 제 메이크업 기술로 가

렸지만 지금은 파운데이션을 바르지 않습니다.

앞서 이야기한 것처럼 저는 새벽 2시에 잡니다(솔직히 말하자면 영화를 보느라 3시 반이 되어서야 자는 날도 종종 있습니다). 그렇기 때문에 '신데렐라 타임'에는 잠을 자지 않습니다. 하지만 수면의 질이 향상되면서 미용상의 측면도 크게 개선되었다고 느꼈습니다.

적어도 저 자신의 경험과 고객들의 개선된 수면 상태를 보면서 '골든타임', '신데렐라 타임'을 고집할 필요는 없다고 생각하게 되었습니다.

제 경험상 가장 중요한 것은 잠이 든 뒤에 얼마나 빨리 깊은 잠에 도달하느냐입니다.

성장 호르몬이 분비되어 몸의 피로를 해소하거나, 뇌를 정리할 때 특히 중요한 것은 잠이 든 뒤에 바로 찾아오는 깊은 수면입니다.

기상 시간 직전이 되어서야 겨우 깊은 잠이 찾아오는 상태라면 좋은 잠을 잘 수 없습니다.

그래서 '농축 수면법'은 '잠이 든 지 30분 이내에 잠이 제일 깊은 레벨인 논렘수면 상태에 접어들고, 일정 시간 동안 깊은 수면 상태를 유지'하는 것을 목표로 합니다.

그러므로 저는 '22시부터'라며 시간대를 고집하기보다 잠이

든 직후의 수면을 중시하는 의미로서의 '골든타임 이론'에 동의합니다. 그것은 '농축 수면법'이 지향하는 수면법 그 자체라고 할 수 있습니다.

 point 언제 자는가가 아니라 얼마나 빠르게 깊이 자는가가 중요하다.

'수면 부채'라는 말이
스트레스를 증가시킨다

앞에서 몇 번 이야기했듯이 우리는 '수면 부채'라는 말에 익숙합니다. 수면 부족이 쌓이면 컨디션이 나빠지고 정신 건강이 안 좋아집니다. 우울증이나 암, 치매 등의 위험도 늘어납니다.

데이터를 살펴보면, '수면 부채'가 있는 사람들은 수명마저 짧다고 합니다. 이제는 이러한 무서운 이야기들이 수면에 관한 화제들 속에서 하나의 상식이 되었습니다.

하지만 이것이 반드시 나쁜 것만은 아닙니다. '수면 부채'라는 말과 함께 많은 사람이 자신의 수면에 문제가 있음을 깨닫고, 개선하려고 노력하는 현상은 매우 긍정적인 일이라고 생각합니다.

'수면 시간이 짧음 = 부채'가 아니다

단, '수면 부채'라는 말이 유행하는 것에는 단점도 있습니다.

좋은 수면을 취할 수 없는 상태가 계속되면 건강이 많이 위험해질 수 있는 것이 사실입니다.

문제는 '수면 부채'를 수면 시간이 부족하다는 관점에서만 이야기하는 것입니다. 부족한 수면 시간이 '부채'로 쌓여간다는 내용만을 강조합니다.

실제로는 좋은 잠을 자려면 수면 시간이 아닌 수면의 질이 중요하므로 수면 시간만 채웠다고 해서 문제가 없다고 하기는 어렵습니다.

반대로 '수면 시간이 짧음 = 부채'라는 이야기도 아닙니다. 5시간을 자더라도 푹 자는 사람이 있고, 8시간 잠을 자도 깊이 못 자는 사람도 있습니다. 모두 제각각입니다. 그런데도 '수면 부채'라는 말과 함께 '8시간은 자야 해', '7시간 자지 않으면 위험해'라는 인식만이 강해지고 있습니다.

정말 무서운 것은 '좀 더 자야 한다'는 스트레스

하지만 한창 일을 할 나이이거나 육아 중인 분들은 수면 시간이 충분치 않습니다. 그 결과, '어떻게 하지, 좀 더 자지 않으면 수면 부채가 쌓여버릴 거야'라는 스트레스가 생기고 맙니다. 이러한 스트레스는 그 자체가 건강에 위협이 됩니다. 수면 부채가 아닌 '수면 부채 스트레스'가 건강에 나쁜 영향을 끼치고 마는 것입니다.

또한 스트레스는 수면의 질을 떨어트리는 원인이기도 합니다. 수면 부채를 신경 쓴 나머지 스트레스를 받아 수면의 질이 더욱 악화되면 본말전도라고 할 수 있습니다.

짧은 시간이라도 깊이 잔다면 문제없다

제 수면 개선 강의의 수강생 중에 C라는 분이 있었습니다. 오랫동안 잠 때문에 고민하던 C씨는 프랑스에서 일하면서 가끔 일본에 돌아올 때마다 제 강의에 참석하곤 했습니다.

C씨의 고민은 '바빠서 충분한 잠을 자지 못한다'라는 일반적인

내용과는 조금 달랐습니다. 그의 고민은 서너 시간만 자면 반드시 눈이 떠진다는 것이었습니다.

C씨는 "아무래도 수면 시간이 너무 짧고, 몸에도 안 좋을 거같아서 5시간은 자려고 하는데, 잘되지 않습니다……."라고 말했습니다. 당연한 이야기지만 '수면 부채'가 문제가 되면서 C씨와 같은 고민을 가진 분들이 점점 늘어나기 시작했습니다.

그런데 그에게 평소 생활습관 등에 대해 자세히 물어보면서 흥미로운 사실을 알게 됐습니다. C씨는 원래부터 '농축 수면법'의 이론에 가까운 생활, 즉 수면 시간이 줄어들기 쉬운 라이프스타일로 생활하고 있었습니다. 또한 3~4시간밖에 자지 않지만 낮잠을 자지도 않았고, 컨디션이 나쁘지도 않았습니다.

저는 결국 C씨에게 "짧은 시간이라도 충분히 깊은 잠을 자고 있군요. 아무런 문제가 없으니 신경 쓰지 않으셔도 됩니다." 하고 말했습니다. 즉 C씨는 의도치 않게 '농축 수면법'을 이미 실천하고 있었던 것입니다.

그런 뒤로 C씨는 제게 "지금까지 제 수면에는 문제가 있으며 좀 더 자야 한다고 생각했습니다. 하지만 선생님의 이야기를 듣고 그 생각에서 벗어나게 되어 매우 편해졌습니다."라며 감사의 인사를 보내왔습니다.

이후부터는 3시간만 자도 안심이 되었고, 아침 4시 정도부터 일하기 시작해 일찍 업무를 끝냈다고 합니다. 그분은 다른 사람들이 일하는 낮 시간에 사람을 만나거나 공연을 보러 가는 우아한 라이프스타일을 즐길 수 있게 되었습니다.

C씨의 경우는 매우 극단적인 사례입니다. 하지만 수면에 대한 상식, 특히 수면 시간에 대한 생각이 오히려 해가 되는 경우도 있습니다. '몇 시에는 자야 해'라는 생각을 버리기만 해도 수면 개선을 향한 첫걸음을 내디딜 수 있습니다.

point '몇 시에는 꼭 잠들어야 해'라는 생각이
수면의 질을 떨어트린다.

'농축 수면법'은 짧은 시간 수면이
목적이 아니다

수면 시간에 대한 생각에서 벗어날 때 유의할 점이 또 하나 있습니다. 바로 '어떻게든 수면 시간을 줄이자'라는 마음으로는 아무리 힘쓴다 해도 더 나은 잠을 잘 수 없다는 것입니다.

'그 대단한 손정의 회장도 3시간밖에 자지 않는구나. 좋아, 나도 3시간만 자야지!'라며 목표를 정하는 자세는 추천하지 않습니다.

수면 시간의 단축은 결과로 얻는 부산물

앞서 이야기했듯이 '농축 수면'은 '잠이 든 지 30분 이내에 제일 깊은 수면 레벨인 논렘수면 상태에 접어들고, 일정 시간 동안 깊은 수면 상태를 유지하는 수면'을 목표로 합니다. 어디까지나 수면의 질을 높여 더 나은 잠을 자고, 더 나은 인생을 목표로 하는 방법입니다.

농축 수면법을 실천하신 고객 분들은 확실히 수면 시간이 짧았습니다. 그러나 이것은 어디까지나 수면의 질이 향상된 결과입니다.

수면의 질이 향상된 결과, 저처럼 3시간만 자는 사람도 있겠지요. 5시간 자는 사람도 있을 것입니다. 사람에 따라 6시간 잠을 자는 것이 최선일지도 모릅니다.

몇 시간이든 여러분이 '농축 수면법'을 습득한다면 자신에게 제일 적합한 수면 시간을 찾게 될 것입니다. 또한 효율이 높으며, 긍정적인 사고로 하고 싶은 일에 점점 더 많이 도전하는 인생을 살 수 있습니다.

중요한 점은 무턱대고 단시간 수면을 목표로 하는 것이 아니라 먼저 수면의 질을 높이기 위해 생활을 하나하나 개선해나가는 것입니다.

그렇다면 구체적으로 무엇을 하면 좋을까요?

드디어 다음 장부터 '농축 수면법'에 대하여 자세히 설명해보겠습니다.

 단시간 수면은 수면의 질이 높아지는 것에 대한 보상이라고 생각하자.

2장

짧은 시간에 완벽하게 피곤을 없앨 수 있는 '숙면 뇌'를 만드는 방법

피로가 사라지지 않는 이유는
몸이 아닌
뇌가 피곤하기 때문

잠든 뒤 바로 깊은 수면에 도달하고 이것이 지속되어 질 좋은 잠을 잘 수 있는 '농축 수면법'. 농축 수면법을 실천하여 업무 효율을 높이고, 긍정적인 가치관을 가지며, 자유 시간이 늘어나면 인생이 크게 변화합니다.

이번 장부터는 '농축 수면법'의 실천 방법과 구체적인 생활 개선 방법을 소개해드리겠습니다.

'농축 수면'의 3요소

첫 번째로 기본부터 이야기하겠습니다. '농축 수면', 즉 질 좋은 수면에는 어떤 요소가 필요한지에 대한 이야기입니다.

중요한 것은 다음의 세 가지 요소입니다.

1. 뇌 피로를 없애기
2. 혈액 순환을 촉진하기
3. 수면 환경 정돈하기

이 세 가지를 뇌 과학이나 생리학, 해부학, 행동학 등 다양한 각도로 접근하여 점검하는 것이 '농축 수면법'입니다. 이 세 가지 요소가 질 좋은 수면에 필요하다는 말은, 반대로 말하자면 이 요소들에 문제가 있으면 수면의 질이 낮아진다는 것입니다.

실제로 뇌의 피로가 쌓이면 깊은 잠을 잘 수가 없습니다. 혈액 순환이 좋지 않으면 뇌나 몸의 피로를 해소하기 어려운 데다가, 몸이 이완되지 못해 원활하게 잠을 자기 어려워집니다.

그리고 침실 상태와 베개 등 수면 환경이 정돈되어 있지 않으면 호흡이 얕아지거나 몸이 불편해져서 잠을 잘 때 몸을 이완할 수 없습니다. 그중에서도 이번 장에서 언급할 '뇌 피로'는 현대인의 수면에서 먼저 해결해야 할 매우 심각한 문제입니다.

　이번 장에서는 뇌 피로를 없애는 방법에 대해 설명하겠습니다.

뇌가 피곤하면 몸이 피곤한 것과 같은 증상이 나타난다

　잠 때문에 고민하는 사람은 대체로 만성 피로를 느낍니다.

　언제나 몸이 무겁고 머리가 움직이지 않는다.

　잠을 자도 피곤이 풀린 느낌이 들지 않는다.

　아침에 눈을 뜨면 먼저 '피곤하다'고 느낀다.

　이런 사람이 많을 것입니다.

　그렇다면 현대인은 얼마나 격하게 몸을 쓰고 있을까요? 피곤한 사람이 이렇게나 많지만 생각해보면, 정작 몸을 격하게 쓰는 사람은 별로 없습니다.

　현대 사회에서는 체력을 사용하는 업무들이 점점 기계의 몫으로 대체되고 있으며 오히려 책상에 앉아 몸을 움직이지 않는 일들이 늘어나고 있습니다.

　그리고 특히 심각한 만성 피로를 외치는 사람들은 온종일 컴퓨터를 바라보는 사무직이며, 운동하는 습관이 없는 사람도 많습니다. 잠을 잘 자지 못하는 사람들은 이러한 타입입니다. 오히려 적당히 몸을 움직이는 습관이 있는 사람이 깊게 잠드는 경우가 많습니다.

몸을 과도하게 사용하지도 않는데 어째서 이렇게 피로를 느끼는 것일까요. 그 원인은 바로 뇌 피로입니다. **뇌가 피로해지면 몸이 피로할 때와 같은 증상이 나타난다는 것이 뇌 과학 연구로 밝혀졌습니다.**

주로 뇌를 사용하는 사무 작업이나 서비스 등의 노동, 컴퓨터나 스마트폰을 통한 눈 혹사, 대인 관계나 업무 책임에 동반되는 스트레스 등등, 비즈니스맨의 생활은 뇌를 피로하게 만드는 일투성이입니다.

지친 뇌에서는 교감 신경이 활성화됩니다. 교감 신경이 우위가 되면 이완할 수 없는 상태, 즉 긴장이 계속되는 상태가 됩니다. 교감 신경이 활성화된 상태는 본래대로라면 또렷한 정신으로 활발하게 활동하는 상태이긴 합니다.

이와 반대로 **부교감 신경이 우위가 되면 이완 상태가 되며, 잠을 자기에 적합한 상태가 됩니다. 뇌가 피곤한 사람은 교감 신경이 우위가 된 긴장 상태 그대로입니다.**

이대로 잠을 자면 어떻게 될까요? 당연히 깊은 잠에 들 수 없습니다. **뇌 피로는 얕은 잠을 자게 하며, 수면의 질을 떨어트리**

는 원인입니다. 그뿐만이 아닙니다. 질 낮은 수면으로는 뇌의 피로를 풀 수 없습니다. 얕은 잠밖에 자지 못하는 사람은 자면서 뇌의 피로를 해소할 수 없습니다. 즉 '뇌 피로가 수면의 질을 낮추고 → 질 낮은 수면이 더욱 뇌의 피로를 축적시킨다. → 그 결과, 점점 수면의 질이 저하한다……'라는 악순환이 일어나게 됩니다.

뇌가 피곤하면 활발하게 움직일 수 없게 된다

운동량이 적은데 몸이 무겁게 느껴지는 이유도 뇌 피로로 설명할 수 있습니다.

뇌가 피로한 상태는 인간의 몸에 위험합니다. 몸에 영양분이 필요하다고 느낀 뇌는 '절약 모드' 상태가 됩니다. 전신의 활동량을 줄이고 회복하려고 합니다. '너무 활발하게 움직이지 말아라'라며 뇌가 전신에 명령을 보내는 것입니다. 이것이 무거운 몸이나 나른함, 온종일 느끼는 졸음 등의 증상으로 나타납니다.

또한 적극성을 상실하여 무언가에 흥미를 갖거나 새로운 일에 도전하는 긍정적인 자세를 잃게 되는 경우도 있습니다. 뇌의 지령으로 생활 전반이 '절약 모드'가 되기 때문에 이는 당연한 일입니다.

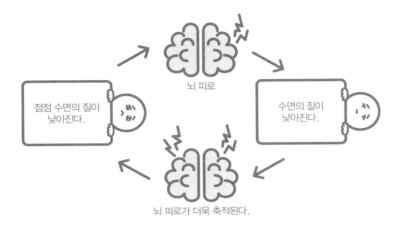

뇌 피로

수면의 질이
낮아진다.

점점 수면의 질이
낮아진다.

뇌 피로가 더욱 축적된다.

뇌 피로가 일으키는 악순환

위와 같이 뇌 피로는 수면의 질을 떨어트리는 가장 큰 원인 중 하나입니다. 잠을 잘 자기 위해서는 뇌 피로를 효율적으로 해소해야 합니다. 하지만 뇌의 피로 해소를 의식해본 적이 없는 분들이 대부분이겠지요. 어떻게 하면 뇌 피로를 없앨 수 있을지 그 방법을 구체적으로 설명해보겠습니다.

point

뇌 피로는 수면의 질을 떨어트리며 매일의
전반적인 활동을 방해한다.

뇌 피로가 축적되면
머리가 커지고 무거워진다

뇌 피로가 쌓인 사람에게는 다른 사람이 봐도 알 수 있는 신체적인 특징이 있습니다. **머리가 비대해지고 무거워지는 것입니다. 두개골이 커진 상태가 됩니다.**

저는 살롱에서 이런 증상이 있는 고객을 만나곤 합니다. 머리가 커지고 무거워진다니 믿을 수 없으시겠지요. 하지만 두개골은 몇 개의 뼈가 합쳐진 것이기 때문에 모양이 변합니다. 노폐물이 쌓이면 안쪽에서 압박을 받아 머리가 실제로 커집니다.

뇌 피로로 머리가 커지는 이유

두개골이 비대해지는 이유는, 뇌 피로로 뇌내의 혈행이나 뇌수의 흐름이 나빠지고 노폐물이 축적되기 때문입니다. 물론 갑자기 몇 센티나 커지는 건 아니므로 슬쩍 보는 것만으로는 알 수 없습니다. 그 대신, 머리가 팽창하여 두피가 딱딱해지는 것은 바로 알 수 있습니다. '스트레스가 쌓이면 두피가 딱딱해지는' 현상을 실감하시는 분들도 많을 것입니다. 물론 두통이나 머리의 무게가 자각 증상(환자 스스로 느끼는 병의 증상)으로 느껴지는 경우도 있습니다.

글 쓰는 일을 하는 고객 E씨는 마감이 많아져 스트레스가 쌓이면 '모자나 아이마스크가 꽉 끼는 날이 있다'라고 합니다. 이것도 두개골 비대에 따른 현상입니다.

뇌 피로뿐만 아니라 노화로도 머리가 비대해집니다. 오랫동안 노폐물이 축적되기 때문입니다. 같은 사람이라도 어릴 때의 사진과 현재를 비교해보면 어쩐지 땅딸막해 보이는 경우가 있습니다.

물론 나이를 먹으면서 체중이 늘어나는 사람이 많지만 실은 미묘하게 머리가 커져서 전체적인 인상에 영향을 주는 경우가 많습니다.

어릴 때는 늘씬했던 배우가 나이를 먹어 대가라고 불리게 되면 그에 어울리는 관록 있는 풍채가 되는 것도 몸이 변화한 것뿐만 아니라 두개골이 비대해졌기 때문일 것입니다.

미용적인 측면에서 '작은 얼굴'을 만들기 위해 화장이나 관리에 힘을 기울이는 여성들이 많습니다. 하지만 노화나 스트레스로 머리가 커지는 것은 아직 신경 쓰지 않는 사람들이 많습니다.

뇌 피로를 해소하려면 두개골 마사지가 효과적

어쨌든 스트레스나 뇌 피로를 내버려두면 뇌에 노폐물이 축적됩니다. 머리가 비대해지는 것은 본인만 괜찮으면 상관없지만, **쌓인 노폐물이 뇌를 압박하여 뇌의 신경 세포에 손상을 주는 경우도 있습니다.** 이는 위험합니다.

그래서 뇌 피로를 해소하기 위해서는 두개골 마사지로 뇌수액의 흐름을 원활하게 하여 노폐물을 흘려보내야 합니다.

앞으로 소개할 두개골 마사지는 제 살롱에서 하는 본격적인 두개골 교정 마사지를 누구든 쉽게, 심지어 혼자서도 할 수 있도록 간략하게 만든 것입니다.

살롱에서 시술할 때, 머리의 오른쪽만 먼저 교정하고 사진을

찍어 고객에게 보여주는 경우가 있습니다. 그러면 "정말이네. 오른쪽만 머리가 작네!"라고 모두들 놀랍니다. 시술을 받은 후, 언제나 쓰던 모자가 커졌다는 이야기도 종종 들었습니다.

그렇다면 어디를 어떻게 마사지하면 좋을지 다음 페이지에서 구체적으로 설명해보겠습니다.

 '두피가 딱딱하다', '모자가 꽉 낀다'라고 느끼는 사람은 신경 써서 뇌의 피로를 풀어봅시다.

뇌 결림이 극적으로 풀어지는
두개골 마사지

여기서부터는 쉬는 시간에 스스로 간단히 할 수 있는 두개골 마사지를 자세하게 소개해드리겠습니다. 두개골 마사지는 다음의 세 가지 순서로 실시해주십시오.

1. 측두부 마사지

처음에는 측두부 마사지부터 시작합니다. **귀에서 약 2cm 윗부분을 손목과 가까운 손바닥의 밑부분으로 6~10번 둥글게 돌리는 느낌으로 눌러주십시오.**

뇌에 노폐물이 쌓인 사람은 이곳을 누르면 통증을 느끼기도 합니다. 통증과 동시에 기분이 좋아지는 것을 느껴봅시다. 힘을 과하게 넣지 말고 '시원하다'라고 느끼는 강도로 풀어줍니다.

2. 측두부 전체 마사지

이번에는 측두부 전체를 엄지손가락 이외에 나머지 손가락을 세워서 풀어줍니다. 이것도 기분 좋게 시원한 강도로 풀어줍시다.

손가락으로 만져보면 곳곳에서 울퉁불퉁함이 느껴질 것입니다. 또는 말랑말랑한 부분을 발견할 수도 있습니다. 이런 곳들이 노폐물이 쌓여 있고 혈액 순환이 원활하지 않은 부분입니다. 정성스럽게 풀어줍시다.

3. 정수리 마사지

마지막은 정수리입니다.

다섯 손가락을 정수리 위에서 천천히 돌리면서 꾹 누르고 힘을 뺍니다.

다시 꾹 누르고 힘을 뺍니다.

이것을 6~10번 반복합니다.

펌프질하여 머리 전체의 혈액 순환을 원활하게 해준다고 생각하고 하시면 됩니다.

뇌의 결림을 풀어주는 두개골 마사지

1

귀에서 약 2cm 윗부분을 손목과 가까운 손바닥의 밑부분으로 6~10번 둥글게 돌리는 느낌으로 눌러준다.

2

측두부 전체 마사지. 엄지 이외에 나머지 손가락을 세워서 풀어준다.

3

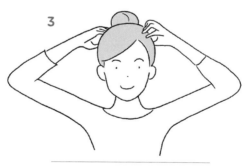

다섯 손가락을 정수리 위에서 천천히 돌리면서 꾹 누르고 힘을 뺀다. 이것을 6~10번 반복한다.

두개골 마사지는 업무 중간에도 할 수 있다

　이 마사지는 다 해도 5분이 채 걸리지 않습니다. 언제 어디서든 쉽게 할 수 있습니다. 특히 **업무 중간 쉬는 시간에 해보기를 권합니다. 피곤해서 무거워진 머리가 말끔하게 개운해지는 것을 실감할 수 있을 것입니다.**

　업무가 끝나고 귀가한 뒤에 하루의 피로를 풀 때 마사지를 해도 좋습니다. 물론 하루에 몇 번이나 해도 괜찮습니다.

　이 마사지를 하면 머리가 개운해질 뿐만 아니라 피곤했던 눈까지 번쩍 뜨이는 사람도 있습니다. 또한 마사지 후에 거울을 보고 '얼굴이 젊어졌다'고 느끼는 분도 있습니다. 뇌의 리프레시는 표정에도 영향을 줍니다.

point 두개골 마사지는 언제 어디서든 할 수 있다.
'피곤하다'고 느낄 때 틈틈이 해보자.

안정 피로는 뇌의 피로

    뇌의 피로를 푸는 데 필요한 요소 중 한 가지로 '안정 피로(眼精疲勞, eye strain)'의 해소를 들 수 있습니다. 여기서 이야기하는 안정 피로란 단순한 눈의 피로와는 다르다는 것에 주의해주십시오.

    책을 오랫동안 읽은 후, 눈이 흐릿하게 보이는 이유는 눈이 피로하기 때문입니다. 이것은 눈을 쉬게 하면 낫습니다. 그렇다면 안정 피로가 무엇이냐고 묻는다면, 눈으로 나타나는 뇌와 신경의 피로를 가리킵니다. 사실, 눈은 '노출된 뇌'라고 할 정도로 뇌와 밀접하게 연결되어 있는 기관입니다. 시신경에서 안구까지는 뇌의 일부라고 해도 좋을 정도입니다.

　현대에 '데스크 워크'는 대부분 컴퓨터 작업을 가리킵니다. 컴퓨터나 스마트폰을 오랫동안 계속 보고 있으면 눈 자체도 물론 피로를 느끼지만 피곤한 것은 눈뿐만이 아닙니다. **3시간 이상 블루 라이트를 계속 쐬면 빛 때문에 시신경이 자극받아 뇌까지 피로해집니다.**

　짐작 가는 사람들도 많겠지만 컴퓨터 작업을 오래 하면 점점 집중력이 떨어집니다. 작업 속도가 떨어지는 느낌이 들면 업무와 관계없는 사이트를 멍하니 보기도 합니다. 결국, '아무래도 머리가 잘 움직이질 않아서 일이 안 된다'라는 상태에 이릅니다. **이는 눈뿐만 아니라 시신경을 거쳐 뇌까지 지쳐 있기 때문입니다.**

　이때 시신경과 뇌는 피로를 느끼면서도 흥분 상태에 있습니다. 오랜 시간에 걸쳐 빛 자극에 계속 반응해왔기 때문입니다. 이 상태 그대로 침대에 누워도 신경이 진정되고 차분해질 때까지는 상당한 시간이 걸립니다. 종종 밤에 자기 전에 스마트폰을 보거나 컴퓨터 작업을 하는 것은 피하는 것이 좋다고 이야기하는 이유가 바로 이것입니다.

눈은 '노출된 뇌'이다.
눈의 피로는 뇌의 피로라는 것을 명심하자.

눈을 따뜻하게 하여
혈류를 개선한다

'장시간 컴퓨터 작업이 뇌를 피곤하게 만든다'라고 해도, 데스크 작업을 중심으로 일하는 사람은 아무래도 매일 몇 시간은 컴퓨터로 일해야 합니다. 안정 피로를 피하기란 어려운 상황인 것이지요.

그렇다면 쌓인 안정 피로를 효과적으로 없애는 방법이 필요합니다.

안정 피로를 없애는 두 가지 방법

안정 피로를 없앨 때의 포인트는 혈류입니다. 온몸의 혈류를 좋게 만드는 방법은 다음 장에서 자세히 이야기하고, 여기서는 눈과 그 주변의 혈류를 좋게 만드는 방법을 소개하겠습니다. 눈의 혈류를 개선하면 안정 피로가 회복되며 시신경과 뇌의 흥분 상태가 안정됩니다. 안구와 시신경, 뇌의 혈류를 좋게 만들기 위해서는 다음의 두 가지 방법을 추천합니다.

1. 눈을 따뜻하게 만든다.
2. 혈자리를 마사지한다.

눈 주변뿐만 아니라 후두부도 따뜻하게 만든다

첫 번째로, 눈을 따뜻하게 하는 방법을 소개하겠습니다.

눈을 따뜻하게 만드는 방법은 최근에 릴렉세이션 방법의 하나로 알려졌습니다. 요즘은 일회용 온열 아이마스크를 약국이나 편의점에서 간편하게 구매할 수 있게 되었으니 해보신 분들도 많을 것입니다. 시판되는 온열 아이마스크도 편리해서 좋지만, 여기서는 두꺼운 페이스타월을 뜨겁게 데워 사용하는 방법을 추천해드리겠습니다. 적셔서 짠 타월을 전자레인지로 1분 정도 가열하면 간단하게 데울 수 있습니다. 또한 데운 타월을 비닐봉지에 넣으면 옷이 젖지 않으면서도 따뜻하게 사용할 수 있습니다.

이 방법으로 먼저 후두부의 머리카락 가장자리를 따뜻하게 해봅시다. '어라, 눈에 올리는 거 아니야?'라며 의외라고 생각하시겠지요. 물론 눈도 나중에 따뜻하게 할 것입니다. 하지만 먼저 후두부의 머리카락 가장자리에 뜨거운 타월을 대보십시오. 너무 뜨겁게 가열하면 화상을 입을 수 있으니 주의하시고요.

이곳에는 '풍지(風池)'라는, 눈의 피로에 효과적인 혈자리와 '안면(安眠)'이라는 이름 그대로 잠이 잘 오는 혈자리가 있습니다. 이 부분을 따뜻하게 하면 자신도 모르는 새에 '휴' 하고 숨을 내쉴 정도로 기분이 좋아집니다. 자연스럽게 호흡이 깊어지며 전신이 이완되는 것을 느끼게 될 것입니다.

먼저, 후두부의 머리카락 가장자리를 따뜻하게 하여 전신을 이완 모드로 만드는 것이 포인트입니다(참고로 후두부 아래에 있는 뒷목을 따뜻하게 하면 어깨 결림에 효과적이므로 기억해둡시다).

충분히 이완되었다면 이번에는 두 눈 위에 타월을 올려 따뜻하게 만듭시다. 후두부와 눈을 확실히 따뜻하게 만들기 위해, 두꺼운 타월을 데워줍시다. 안구부터 시신경까지 따뜻해지고 피

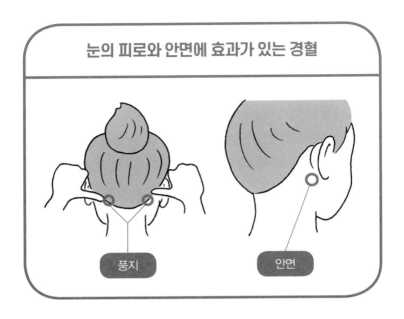

눈의 피로와 안면에 효과가 있는 경혈

풍지

안면

가 흐르는 것을 느끼면서 충분히 이완하십시오. **혈류가 좋아지는 것은 물론이고 데운 타월을 이용해 두 부분을 따뜻하게 만들면 자연스럽게 전신의 힘이 풀려 이완 모드가 됩니다. 부교감 신경이 우위가 되고 뇌파가 알파파로 변하는 것이죠.**

알파파는 1초에 8~13펄스의 빈도로 뇌 겉질의 뒤통수 부위에서 나오는 전류인데, 뇌파의 하나로서 정상적인 성인이 긴장을 풀고 쉬는 상태에서 볼 수 있습니다. 그러므로 일을 끝내고 집에 왔을 때나 밤에 휴식시간을 가질 때 해보는 것도 좋겠지요.

데운 타월은 '업무에서 휴식으로 전환하기가 힘들다'라는 분들

후두부와 눈을 따뜻하게 하는 방법

1

데운 타월로 후두부의 머리카락
가장자리를 따뜻하게 한다.

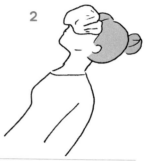

2

충분히 이완되었다면 두 눈 위에
데운 타월을 놓는다.

을 강제로 휴식하게 만들 정도로 효과적입니다. 안정 피로를 해
소하고 몸과 마음의 피로, 스트레스를 풀어주는 데운 타월을 잘
활용해봅시다.

Point

데운 타월로 눈과 후두부를 따뜻하게 만드는
방법에는 안정 피로를 푸는 것 외에도 다양한
효과가 있다.

안정 피로에 효과적인
혈자리 마사지

데운 타월을 사용해 충분히 눈 주변을 풀어주었다면 다음은 안정 피로에 효과적인 혈자리 마사지를 해봅시다.

자극하는 혈은 세 곳입니다.

1. 안구와 안구 위의 뼈 사이

먼저, 눈을 감고 안구와 안구 위의 뼈 사이에 엄지손가락을 눕혀 대봅시다. 그리고 안구 윗뼈를 부드럽게 눌러줍니다.

3초간 누른 뒤 3초간 힘을 뺍니다. 다시 3초간 누른 뒤 3초간 힘을 뺍니다. 이것을 3번 반복합니다.

힘을 뺄 때는 갑자기 빼지 말고 부드럽게 뺍니다.

세게 누를 필요는 없습니다. 천천히 가볍게 누르기만 해도 통증이 느껴질 수 있습니다. 이는 안정 피로가 쌓여 있다는 증거입니다.

2. 안구 밑

다음은 안구 밑입니다.

안구 밑에 있는 뼈에 검지, 중지, 약지를 걸치듯이 부드럽게 눌러줍니다. 3초간 누르고 3초간 힘을 뺍니다. 이것을 3번 반복합니다.

3. 관자놀이

마지막으로 관자놀이를 검지, 중지, 약지 세 개의 손가락으로 둥글게 돌리면서 풀어줍니다. 이것을 6~10번 정도 합니다.

관자놀이에 특히 통증이 잘 느껴질 것입니다. 안정 피로가 있을 때는 관자놀이 주변에 노폐물이 쌓여 있는 경우가 많습니다. 여기도 강하게 풀어줄 필요는 없습니다. 부드럽고 천천히 누릅니다.

안정 피로를 푸는 혈자리 마사지

눈을 감고 안구와 안구 윗뼈 사이에
엄지손가락을 대고 부드럽게 누른다.

안구 밑에 있는 뼈에 검지, 중지,
약지를 걸치듯이 놓고 부드럽게
누른다. 3초간 누르고, 3초간 힘을
뺀다. 이것을 3번 반복한다.

관자놀이를 검지, 중지, 약지 세 손
가락으로 돌리면서 푼다. 이것을
6~10번 반복한다.

눈 혈자리를 마사지하면 시야가 환하게 보인다

마사지가 끝나면 눈을 떠봅시다. 어쩐지 환해지지 않았나요?

이 혈자리 마시지를 처음 체험한 분들은 종종 '앗, 밝아졌다', '방이 환하게 보인다'라며 놀라곤 합니다.

실은, 혈자리 마사지 후에 밝아진 시야가 정상적으로 보이는 시야입니다. 지금까지는 안정 피로 때문에 모든 것이 흐리고 어둡게 보였던 것입니다.

조금 과장해서 말하자면, 이 혈자리 마사지에는 세상이 달라져 보일 정도의 효과가 있습니다. 하지만 어디까지나 정상적으로 보이게 된 것뿐입니다. 이 시야를 기억한다면 '어쩐지 시야가 어둡네', '색이 흐리게 보이네'라고 느껴 안정 피로를 깨달을 수 있게 될 것입니다.

여유가 있으면 엄지손가락으로 후두부의 머리카락 가장자리를 따라 귀 뒤의 뼈 안쪽부터 목덜미가 움푹 파인 곳까지 눌러보는 것도 추천합니다. 이곳도 눈의 피로와 불면을 개선하는 데 효과적인 혈자리입니다.

이 혈자리 마사지는 느긋하게 이완할 수 있는 시간에 데운 타월로 눈을 따뜻하게 한 뒤에 하는 것이 이상적입니다.

짧은 시간에 간단히 할 수 있으니, 일 사이사이에 틈틈이 마사지를 해보는 것도 좋습니다. 오랫동안 컴퓨터 작업을 하는 등, 눈을 혹사하는 업무의 부담을 줄여줄 것입니다.

point
특히 눈을 혹사하는 데스크 업무를 한다면,
일이 끝난 뒤의 눈 관리를 습관화합시다.

'불안을 써보기', 이것만으로도 숙면할 수 있게 된다

안정 피로와 함께 거론되는 뇌 피로의 주요 원인으로는 '스트레스'가 있습니다. **특히 무언가 불안한 일이 있을 때는 뇌에 커다란 스트레스가 발생합니다.**

일상생활 속에서 불안감을 전혀 느끼지 않는 사람은 아무도 없겠지요. 비즈니스맨이라면 업무에서 결과를 내야 한다는 압박과 업무가 잘될지에 대한 우려 같은 불안감을 항상 느낄 것입니다. 이러한 불안감을 어떻게 처리하는가가 뇌에 가해지는 스트레스를 크게 좌우합니다.

스트레스를 해소하는 '불안 아웃풋'

머릿속에 있는 불안감을 내버려두면 시간이 지나도 사라지지 않습니다. 사라지기는커녕, 머릿속에서 빙빙 맴돌면서 점점 커집니다.

커다란 불안감이 머릿속에 계속 자리 잡고 있으면 뇌파가 흐트러져 주파수가 높은 상태가 계속됩니다. 이것이 뇌의 피로로 이어져 잠을 방해하게 됩니다.

그렇게 되지 않으려면 머릿속에 있는 불안감을 일단 밖으로 내어놓아야 합니다. 여기서 추천하고 싶은 방법이 '불안 아웃풋'입니다. 방법은 간단합니다. 불안한 생각을 종이에 써보는 것입니다.

먼저, 적당한 종이를 준비하십시오. 노트든 복사용지든 상관없습니다. 노트라면 왼쪽 페이지에, 복사용지라면 정중앙을 접어 왼쪽에 불안한 점을 써봅시다. 머릿속에 있는 불안감은 아른거리며 애매합니다. '뭐가 불안하다고 말하긴 뭣하지만 어쨌든 불안해'라는 경우도 꽤나 있을 것입니다.

하지만 재미있게도 '무엇이 불안한가'를 생각하며 종이에 써보

불안의 아웃풋(왼쪽 페이지)

면 불안이 어느 정도 확실한 형태로 나타납니다. 예를 들어 '내일 발표가 잘되지 않을 거 같아서 불안해'라는 식입니다.

쓰기만 해도 불안감이 줄어든다

사실 이렇게 구체적으로 쓰기만 해도 불안감은 꽤 줄어듭니다.

무엇이 불안한지 언어화할 수 있다는 것은 자신에게 놓인 상황을 객관적으로 볼 수 있다는 말입니다. 바꾸어 말하면 문제가 어느 정도 정리되었다는 말이기도 합니다.

머릿속에 있던 형체를 알 수 없던 '어쩐지 무서운 것'이 대처해야 할 구체적인 문제로 바뀐 것입니다.

불안을 종이에 써서 아웃풋한다. 겨우 이것만으로도 뇌 피로의 원인이 되는 스트레스가 꽤 줄어듭니다.

 point 불안한 생각을 종이에 써보는 것의 목적은 불안을 구체화하는 것이다.

불안을 아웃풋한 뒤
희망을 아웃풋하라

불안을 종이에 쓴 시점에서 이미 꽤 효과가 나타났겠지만 하나 더, 꼭 해보길 바라는 방법이 있습니다. 이번에는 노트의 오른쪽 페이지(또는 종이의 오른쪽)를 사용합니다.

여기에 좀 전에 쓴 불안에 대해 자신이 '이렇게 되었으면 좋겠다'라고 생각하는 결과를 써봅시다.

노트의 오른쪽에 '좋은 결과'를 쓴다

예를 들어 왼쪽 페이지에 '내일 발표가 잘될지 불안하다'라고 썼다면, 오른쪽 페이지에는 '발표가 큰 호평이었다. 부장님에게도 칭찬받아 기쁘다'라고 쓰는 것입니다.

그 결과가 현실이 되었을 때의 감정, '기쁘다'라든가 '즐겁다'라든가 '자랑스럽다' 등과 같은 기분도 함께 써봅시다.

이때 'OO였다', 'XX하고 있다' 등, 과거형이나 현재형으로 쓰

- 내일 발표가 ~~실패하는 거 아닐까~~
- 다음번 ~~기획 회의에서 발표할 기획이 혹평당하는 건 아닐까~~
- 어제 ~~거래처에 제출한 제안서가 통과되지 않는 거 아닐까~~

– 왼쪽 페이지에 X 표시를 하는 것이 효과적

이상적이며 좋은 결과를 쓴다

- 발표가 크게 성공하여 직원들과 회식해서 즐거웠다.
- 부장님을 비롯해 참석자 전원이 기획을 매우 칭찬해주었다! 한 번에 기획이 통과되었다. 기쁘다!
- 무사히 제안서가 통과되어 계약을 했다. 이것으로 상반기 목표 달성!

– '기쁘다', '즐겁다' 등의 감정을 쓴다.
– 과거형 또는 현재진행형으로 쓴다.

불안의 아웃풋(오른쪽 페이지)

는 것이 포인트입니다.

상상이므로 거리낄 필요는 없습니다. 자신에게 최고의 결과를 자유롭게 떠올려 써보십시오.

왼쪽 페이지의 불안에는 커다랗게 X 표시를 해보는 것도 효과적입니다.

불안은 부정적인 망상입니다. 실제로 일어난 일이 아니라 앞으로 일어날 것 같은 일을 상상하며 무서워하는 것입니다. 이것을 아웃풋하고 긍정적인 결과를 상상해서 써보면 부정적인 망상이 긍정적인 기대로 바뀝니다.

주관적으로 아직 불안감을 느낀다고 해도, 잠재의식 레벨에서는 확실히 바뀌어 있을 것입니다. 이로써 뇌의 부담이 줄어들게 됩니다.

계속해보면 불안이 구체화되어 대책을 세우기 쉬워진다

이 '불안의 아웃풋 → 고쳐 쓰기'를 계속 습관화해보면 재미있는 일이 일어납니다. **아웃풋되는 불안이 점점 구체적으로 변합**

니다.

예를 들어 처음에는 '내일 발표가 잘될지 불안하다'라고 느낀 감정이, 매일 쓰다 보면 '내일 발표가 실패해서 ○○부장에게 혼나지 않을지 불안하다', '내일 사용할 발표 자료의 매출 데이터가 지적받지는 않을까'라는 더욱 구체적인 불안 요소로 바뀝니다.

불안이 구체적이라는 것은 문제가 명확해진다는 것입니다. 명확한 문제는 대책도 세우기 쉽습니다. 즉 더욱 대처하기 쉬운 형태로 불안을 개괄적으로 볼 수 있게 됩니다.

고객 분들이 불안의 아웃풋을 실천해보았을 때, 이러한 경향이 명확하게 나타났습니다.

처음에는 이래도 불안, 저래도 불안과 같은 식으로 많은 내용을 쓰는 분들이 많았는데, 잘 살펴보니 모두 명확하지 않은 막연한 불안감이었습니다. 게다가 비슷한 내용을 거듭해서 작성했습니다.

그것이 1주일, 2주일…… 계속되면 정확하게 구체적인 내용을 쓸 수 있게 됩니다.

또한 '처음에는 이런 내용을 쓰셨지요?'라고 물으면, '제가 이런 걸 썼었나요?'라며 처음의 내용을 잊어버린 분들이 많았던 것도 흥미로웠습니다. 머릿속을 점령했던 불안감을 완전히 잊어버리고 있었던 것입니다.

그리고 이 변화와 함께 뇌 피로가 줄어들어 수면이 개선됩니다.

불안의 아웃풋을 실천하고 습관화하기만 했는데도 '잘 잘 수 있게 되었다'라고 말하는 고객들이 많습니다.

불안의 아웃풋은 자기 전에 5분 정도 매일 계속해보기를 추천합니다. 3주 정도 계속하면 매일 습관이 될 것입니다.

아웃풋을 계속하면 불안에 머리를 점령당하지 않게 됩니다. '이제 괜찮아'라는 생각이 든다면 무리하게 매일 계속할 필요는 없습니다. 이후에는 불안감을 느낀 날만 자기 전에 노트에 써보아도 괜찮습니다.

또한 불안 아웃풋에 사용한 노트나 종이는 그 자리에서 찢어버려도 상관없습니다. 그러는 편이 더 개운하다고 느끼는 분은 그렇게 하십시오. 반대로 종이를 일부러 모아두는 것도 나쁘지 않습니다.

불안의 아웃풋으로 소원이 이루어진다?!

고객 D씨는 크리에이터입니다. 매우 단가가 높은 작품을 창작하는 일을 하는 터라 뇌 피로가 매우 높은 상태였습니다. 업무 하나하나에 최대한 좋은 퀄리티와 오리지널리티를 발휘해야 하며 좋은 평가를 받는 작품을 만들어야 했습니다.

이러한 크리에이티브한 고민을 비롯해 회사의 경영자로서 매출이나 자금 순환도 생각해야 했습니다. 게다가 제작에 들어가면 밤을 새우며 작업하는 일도 빈번했기 때문에 당연히 수면 리듬이 흐트러졌고, 결국 저에게 상담을 요청하게 되었습니다.

이야기를 들은 뒤, 바로 D씨에게 불안의 아웃풋을 추천했습니다. 처음에는 "좋은 결과를 상상하라니, 그건 너무 어려워요."라고 이야기했지만, "그래도 해보세요. 어떤 말을 써도 아무에게도 피해를 주지 않습니다. 정말 이뤄지길 바라는 것을 오른쪽에 써보세요."라고 부탁했고, 실행해주셨습니다.

그렇게 3, 4개월 정도가 지나자 다행히도 D씨의 수면이 완전히 개선되었습니다. 하지만 그뿐만이 아니라 기쁜 부산물도 얻게 되었습니다.

D씨는 불안의 아웃풋에 사용한 노트를 전부 보관하고 있었는데, **"다시 읽어보니 오른쪽 페이지에 쓴 '이뤄지길 바라는 것'이 정말로 실현되었어요."**라고 이야기하는 겁니다.

물론 '불안의 아웃풋 → 고쳐 쓰기'는 어디까지나 불안에 잘 대처하고 뇌 피로를 줄이기 위한 작업입니다. 꿈을 이루는 데 꼭 필요한 일이라고 말할 수는 없을 것입니다.

다만, 이상적인 결과를 떠올리고 쓰는 것은 스포츠 선수들의 이미지 트레이닝처럼 실제로 좋은 결과를 끌어내는 효과가 있을지도 모릅니다. 그런 효과도 조금 기대하면서 먼저 편안하게 불안을 써보고 즐기면서 고쳐 써보십시오.

 불안이 구체화되어 목표가 명확해지면 수면을 방해하는 스트레스가 놀랄 정도로 줄어든다.

업무 틈틈이 1분 동안 할 수 있는
뇌 피로를 푸는 명상법

추천하는 뇌 피로 해소 방법이 또 하나 있습니다. **최근 주목받고 있는 명상입니다.** 옛날에는 명상이라고 하면 종교나 무도의 수행자를 위한 훈련이거나 영적인 계열의 조금 수상한 행위라는 이미지가 있었습니다.

하지만 구글이 직원의 생산성을 향상시키기 위해 마인드풀니스 명상을 도입했고, 이는 서양의 엘리트 비즈니스맨들 사이에서 유행하는 계기가 되었습니다. 그리고 일본에서도 명상을 '**비즈니스의 업무 효율을 향상시키는 라이프핵**'으로 인식하게 되었습니다. 라이프핵(lifehack)은 생활의 일부분을 더 쉽고 효율적으로 만드는 도구나 기술을 말하죠. 지금은 서점의 비즈니스 서가에 당연하다는 듯이 명상책이 진열되어 있으며, 잡지의 명상 특집들도 늘어나고 있습니다.

명상에는 다양한 방법이 있으나 본격적인 명상은 30분 정도 앉아 호흡에 의식을 집중하는 것이 기본입니다. 그러나 '명상이라, 그거 좋지'라고 말하는 사람은 많아도 실천하는 사람은 많지 않을 것입니다. 바쁜 생활 속에서 30분이나 계속 앉아서 시간을 보내는 명상을 하려면 마음에 여유가 있어야 하는데 그 자체가 꽤 어려운 일이니까요.

또한 요즘은 많은 사람들이 조금만 여유가 생겨도 스마트폰을 보는 습관이 있으니 30분이나 집중하는 명상은 넘기 힘든 높은 허들처럼 느껴질 것입니다.

게다가 뇌 피로가 쌓인 사람은 명상에 집중하기가 한층 더 어렵습니다. '앉아서 호흡에 의식을 집중하자……'라고 생각해도, 바로 업무 생각을 하거나 메일 답장이 오진 않았는지 신경이 쓰입니다. 이래서는 모처럼의 명상 시간이 고통스럽게 느껴질 것입니다. 이러한 사정을 고려하여 여기서는 가능한 한 쉽게 실천할 수 있는 명상법, 그리고 명상 대신에 할 수 있는 운동을 소개하겠습니다.

뇌파를 알파파로 바꾸는 10분 릴랙스

먼저 두 종류의 쁘띠 명상을 추천합니다.

첫 번째는 10분 릴랙스입니다.

시간대는 자기 전이 좋습니다. 10분만 좋아하는 음악을 들으면서 천천히 호흡하며 릴랙스해봅니다. 음악은 스스로 '릴랙스된다'라고 느끼는 것을 골라도 괜찮습니다. 릴랙스할 수 있는 음악은 뇌파를 알파파로 바꾸어주는 효과가 있습니다.

명상할 때의 뇌파가 알파파이므로 이것만으로도 충분히 명상과 같은 효과를 얻을 수 있습니다(릴랙스에 도움이 되는 음악에 대해서는 이후에 자세히 설명하겠습니다).

다만, 음악이 있으면 완전히 '듣기' 모드가 되는 사람은 물 흐르는 소리와 같은 자연의 소리를 선택하거나 음악 없이 시도해봅시다. 그 경우에는 가능한 한 조용한 환경에서 릴랙스하면 좋습니다. 자신에게 맞는 방법을 선택해보십시오.

1분 만에 할 수 있는 쁘띠 명상

두 번째 쁘띠 명상은 좀 더 간단합니다.

눈을 감고 6초 동안 숨을 들이마신 후 3초 동안 멈추고 10초 동안 뱉습니다. 호흡은 복식 호흡입니다. 이것이 하나의 사이클입니다. 이것을 3사이클 반복하기만 하면 됩니다.

사실 이것을 3분 정도 계속하면 더욱 효과적이지만, 무리하지 말고 먼저 3사이클만 시도해보십시오. 이 방법이라면 1분 만에 끝낼 수 있습니다.

겨우 1분이지만 직접 해보면 머리가 이완되는 것이 느껴집니다. 이 정도면 업무 도중에도 바로 해볼 수 있을 것입니다.

포인트는 눈을 감고 호흡을 가다듬는 것

눈을 감는 것은 쓸데없는 정보가 눈에 들어오지 않게 하여 의식을 호흡에 집중하기 위함입니다.

긴장이나 이완과 같은 정신적인 활동을 비롯해 인체를 다양하게 조정하는 것은 자율 신경입니다. 자율 신경은 문자 그대로 자율적으로 작용합니다. 우리의 의지와 관계없이 24시간 멋대로 움직이는 몸 상태를 정돈해줍니다.

명상할 때는 '호흡'을 의식한다

이 자율 신경을 의도적으로 컨트롤하는 수단이 한 가지 있습니다. 그것은 호흡입니다. 흐트러진 자율 신경은 호흡으로 정돈할 수 있습니다.

그래서 가라테나 요가, 무술 등 마음 수양을 목표로 하는 것들은 반드시 호흡을 중시합니다. 즉 명상의 효과를 얻기 위해 반드시 양반다리로 앉아 오랫동안 가만히 있어야 하는 것은 아닙니다.

제대로 호흡을 의식하면 사무실 의자에 앉은 상태에서도 짧게 명상할 수 있습니다.

명상할 때는 코로 호흡하는 것이 올바르다고 알려져 있습니다. 기본적으로는 그렇지만, 코로 호흡하는 것을 고집할 필요는 없습니다. 예를 들어 꽃가루 알레르기로 코 호흡을 하기 어렵다면 입으로 호흡해도 괜찮습니다. 무리하지 말고 하기 쉬운 방법으로 해보십시오.

또한 데스크 업무를 하는 사람은 평소에 호흡이 얕아지는 경향이 있습니다. 다음 장에서 자세히 설명하겠지만, 호흡이 얕은 이유는 자세가 고양이 등처럼 굳어 있어 가슴이 좁아 폐가 충분히 열리지 않기 때문입니다.

또한 호흡할 때 펌프 역할을 하는 횡격막도 딱딱하게 수축하여 제대로 호흡하지 못하는 경우가 많습니다. 이것도 몸과 마음의 컨디션 난조를 초래하는 원인이 됩니다. 의식적으로 호흡하면 생활 개선에 한 걸음 더 가까이 다가가게 됩니다.

업무 틈틈이 지금까지 무의식적으로 스마트폰을 쥐고 있던 시간을 의식적으로 호흡하는 시간으로 바꾸어봅시다. 명상을 어렵게 생각하지 말고 이것부터 시작해보십시오.

명상할 때는 그저 눈을 감는 것이 아니라 '호흡'에 의식을 집중하는 것이 중요하다.

'감사'에는 뇌파를
정돈하는 효과가 있다

　쁘띠 명상은 1분 만에 할 수 있는 간단한 습관입니다. 하지만 실제로 고객 분들 중에는 이 쁘띠 명상도 어렵다고 말씀하시는 분들이 있었습니다. 아무리 해도 무언가가 자꾸 떠올라서 머릿속이 텅 비지 않아 릴랙스할 수 없다는 것입니다. 확실히 뇌 피로가 쌓여 있는 상태에서는 그럴 것입니다. 또한 애초에 명상과 맞지 않는 사람도 있습니다.

　그런 사람에게 명상 대신에 뇌 피로를 푸는 대책으로 추천하는 것이 '감사'입니다. 문자 그대로 다양한 일들에 감사하는 것입

니다.

명상이 효과 있는 이유는 머릿속을 텅 비게 하여 뇌파를 정돈하기 때문입니다. 뇌과학적으로는 뇌파를 알파파로 바꾸는 효과가 있습니다.

이와 마찬가지로 알파파를 만드는 다른 행동을 한다면 명상과 똑같다고 할 수는 없지만 비슷한 릴랙스 효과를 얻을 수 있습니다. 그것이 바로 감사입니다.

사람은 화를 내면서 감사할 수 없습니다. '이 자식, 고마워'라는 감정은 있을 수 없습니다. 또한 초조해하면서 '어떡하지, 어떡하지, 고마워'라며 감사하는 일도 있을 수 없겠지요.

그러므로 감사할 때는 반드시 뇌파가 차분해집니다.

이것을 잘 이용해봅시다. 방법은 간단합니다. 의식적으로 무언가에 감사하면 됩니다.

감사 대상은 무엇이든 좋다

누군가가 일을 도와줬을 때나, 누군가에게 선물을 받았을 때 '고마워'라고 감사하는 것은 당연한 일이지만, 그런 기회가 없더라도 차근차근 감사할 수 있는 일들을 찾아봅시다.

'식사할 때는 먹을 수 있음에 감사한다. 지금의 일이 있음에 감사한다. 밖을 돌아다닐 때는 길가의 화단을 아름답게 가꿔주는 사람에게 감사한다. 자신이 존재할 수 있게 해준 부모님과 조상님들에게 감사한다······' 이런 식입니다.

스스로에게 감사하는 것도 좋겠지요. '오늘도 열심히 일해준 자신에게 감사한다. 소중한 친구에게 언제나 감사할 뿐만 아니라, 그런 친구와 만난 과거의 자신에게 감사한다.' 술을 마신 뒤에는 열심히 알코올을 분해해준 자신의 간에 감사하는 것도 좋겠지요.

머릿속으로 감사하기만 해도 좋지만, 입으로 '고마워'라고 말하면 좀 더 효과가 있습니다.

생각나는 대로 다양한 일에 감사해봅시다. 그러면 알파파가 발생하여 뇌 피로가 해소됩니다.

이 감사 습관은 명상 대신이지만 명상을 할 수 있는 사람이 병행해도 물론 괜찮습니다. 좋은 습관을 더 많이 익혀봅시다.

또한 시간을 정해 한꺼번에 감사하는 것도 효과가 있습니다.

저는 매일 아침에 일어날 때와 자기 전에 10분 정도 감사의 시간을 갖습니다.

자기 전에는 누워서 이완하는 것도 추천합니다. 감사하면서 그대로 잠들어도 문제없습니다. 좋은 수면이 될 것입니다.

감사가 습관이 되면 뇌파가 차분해져 뇌 피로가 사라질 뿐만 아니라 주위 사람들과의 관계도 좋아집니다. 언제든 자연스럽게 감사하는 마음으로 타인을 대할 수 있으니 당연한 일입니다.

또한 아무리 생각해도 싫은 일이 있거나 짜증이 나거나 도저히 감사할 수 없는 기분일 때일수록 일단 '고마워'라고 말해봅시다. 그러면 말에 이끌려 감사해야 할 일이 떠오릅니다. 이후에는 감사하는 감정도 따라올 것입니다.

point 감사하는 대상은 무엇이든 괜찮다. '감사'라는 행위 그 자체가 뇌 피로를 없앤다.

입꼬리를 올려
뇌 피로를 해소한다

'고마워'라는 말로 감사하는 감정이 따라오는 것처럼 물리적인 움직임을 먼저 실천해서 뇌의 상태를 바꾸는 방법도 있습니다. **여기서 추천하는 방법은 거울을 사용한 미소 연습입니다.**

사람은 기쁘거나 즐거울 때 미소를 짓습니다. 미소라는 것은 해부학적으로 말하자면 입꼬리가 올라가는 표정입니다.

뇌 과학의 관점에서 보면 이 입꼬리가 올라간 표정을 만들면 뇌가 '지금 즐거운/기쁜 상태구나'라고 인식한다고 합니다. 즉 뇌가 착각하는 것입니다.

즐겁기 때문에 웃는 것이 아닌, 웃기 때문에 즐거워지는 것도 뇌의 작용으로 할 수 있는 일입니다. 이것을 뇌 피로를 없애는 데 이용하는 것이 미소 연습입니다.

미소 연습으로 뇌의 상태를 바꾼다

미소 같은 건 연습하지 않아도 할 수 있다고 생각할지도 모릅니다. 하지만 실제로 뇌 피로가 쌓인 사람, 스트레스로 정신 건강이 악화된 사람은 미소가 줄어듭니다.

또한 사람은 나이를 먹으면 표정이 줄어듭니다. 저는 나이가 많은 분들을 대상으로 세미나나 강연을 하는 경우가 종종 있습니다. 나이를 먹으면 점점 입꼬리가 내려가 언제나 '쓸쓸해 보이는 얼굴'이나 '화내는 듯한 얼굴'이 기본인 사람이 많습니다.

이러한 상황에서 거울을 보면서 입꼬리를 올리는 연습을 해 보면 좀처럼 잘되지 않는 사람들이 눈에 띕니다. 누구든 선천적으로 웃을 수는 있겠지만, 웃을 일이 적은 생활을 계속하면 점점 웃기 어려워집니다.

물론 이것은 얼굴에 있는 표정 근육의 쇠퇴와도 관계가 있습니다. 웃지 않는 생활을 계속하면 뇌에도 영향을 주어 점점 감동하지 않게 되거나, 우울해집니다.

이것은 젊은 사람들도 마찬가지입니다. 데스크 업무로 온종일 컴퓨터를 마주하는 사람들은 업무 중에 미소를 지을 기회가 좀처럼 없을 것입니다. 이러한 점에서는 접객업이나 영업직 등 일상적으로 미소를 짓는 사람들이 축복받은 환경에 있는 거라고 할 수 있습니다.

'그러고 보니 최근에 그다지 웃지 않았네'라고 느끼는 사람은 꼭 미소 연습을 해보십시오.

미소 연습법

미소 연습에는 거울을 사용합니다. 거울을 보면서 입꼬리를 올려 미소를 만듭니다.

포인트는 앞니가 6개 이상 보이는 상태까지 입꼬리를 올리는 것입니다.

거울 속의 자신에게 미소를 짓고 거울 속의 자신도 이쪽을 보고 미소 짓습니다. 자신의 미소, 게다가 치아가 6개나 보이는 얼굴 가득한 미소는 그다지 볼 기회가 없을 테니 신선하게 느끼는 사람도 있겠지요.

잠시 이러고 있으면 점점 즐거운 마음이 솟아납니다.

이것만으로도 충분하지만 한 걸음 더 나아가 거울 속의 자신에게 말을 걸어보아도 효과가 있습니다.

'사랑해.'

'정말 좋아해.'

'언제나 열심이라서 대단해.'

'멋있어.'

나에게 긍정적인 말을 걸어 자신을 수용하는 것입니다.

심리학 세계에서 종종 하는 이야기이지만, 자기수용이나 셀프 컴패션(self-compassion; 자기 연민, 있는 그대로의 자신을 받아들이는 것)**은 건 강한 정신에 꼭 필요한 조건입니다.** 모처럼 거울 속의 자신과 대면할 기회이니 격려의 말이나 따뜻한 말을 해봅시다.

미소 연습은 아침에 일어나 바로 세수를 할 때 해보기를 추천 합니다. 먼저, 1분 동안만이라도 괜찮으니 도전해봅시다.

아침에 먼저 정신 건강을 좋은 상태로 만들어두면 그 영향으로 쉽게 긍정적인 하루를 보낼 수 있습니다. 또한 미소 연습을 한 뒤에 하루를 시작하므로 자연스럽게 미소가 나오게 됩니다. 당연히 만나는 사람들도 다르게 느끼겠지요. 주변 사람들에게 좋은 인상을 줄 수 있게 되어 인간관계가 좋아집니다.

남자도 부끄러워하지 말고 실천해보자

　미소 연습은 여자가 더 실천하기 쉬울 거라고 생각합니다. 원래 머리를 다듬거나 화장하기 위해 매일 아침 거울을 보는 습관이 있기 때문입니다.

　여자 분들 중에는 아침에 보았던 거울 속 자신의 표정이 좋은 날에는 온종일 기분이 좋았던 경험이 있을 것입니다. 그러므로 미소 연습이 효과가 있다는 것을 감각적으로라도 이해할 수 있을 것입니다.

　문제는 남자입니다. '내 얼굴 같은 건 그다지 보고 싶지 않아', '게다가 거울 속 나에게 말을 걸라니 부끄러워'라고 느끼는 사람이 많을 것입니다.

　부끄럽겠지만 먼저 조금씩만이라도 좋으니 시도해봅시다. **세수하는 김에 세면대의 거울을 향해 한 번 미소 짓기만 해도 괜찮습니다.**

　애플의 창업자, 고(故) 스티브 잡스는 매일 아침 거울 속의 자신과 대화하는 시간을 중요시했다고 합니다. 물론 미소 연습을 한 건 아니었겠지요. 거울로 자신의 내면을 바라보고 동기 부여를 하거나 전략을 짜는 습관이 있었다고 합니다.

　잡스도 해본 방법이니 남자가 매일 아침 거울 속의 자신과 마주하는 것은 부끄러운 일이 아니라고 생각합니다. 어떠신가요? 잡스의 흉내를 내는 셈치고 거울 속 자신과 마주해보는 것도 좋을 것입니다.

 point 거울을 마주하고 자신과 대화하는 습관을 기르자.

수면의 질을 높이는 '528헤르츠 소리'란?

유튜브 검색창에 '528'을 검색해보십시오. '수면의 질을 높인다', '수면 시작', '힐링' 등의 효과를 주장하는 음원이 많이 검색됩니다. 이들은 뇌파를 정돈하고 몸을 릴랙스시키는 다양한 효과가 있다고 여겨지는 '528헤르츠' 소리의 음원입니다.

일설에 따르면 528헤르츠는 인간의 장(腸)에 효과가 있는 주파수라고도 합니다. 최근에는 장을 '제2의 뇌'라고도 부르며 장의 기능을 주목하고 있습니다.

뇌내 물질 생성 등에도 깊이 관련되어 있어 정신 건강 및 뇌

기능과 장의 컨디션이 연동되어 있다는 이야기입니다. 아직 연구 중이지만 528헤르츠의 소리가 뇌를 치유해주는 것은 이와 관련이 있습니다.

528헤르츠의 모든 소리는 이완을 촉진합니다. 그리고 528헤르츠를 들으면 뇌 피로를 해소하는 효과를 기대할 수 있습니다. 그러니 생활 속에 도입해봅시다. 아마존에서도 528헤르츠의 소리가 들어간 힐링 뮤직을 검색해볼 수 있습니다.

'f분의 1 흔들림'이 포함된 소리도 효과적

듣는 것만으로도 뇌 피로를 해소해주는 소리로는 자연음을 추천합니다.

물이 흐르는 소리, 새의 울음소리와 같은 자연음에는 'f분의 1 흔들림'이라 불리는 미묘한 흔들림이 있습니다. 이것이 자율 신경을 정돈해 릴랙스할 수 있다고 합니다.

산에 가거나 공원을 산책하면서 자연을 만나면 기분이 상쾌해지는 이유는 이러한 자연음의 효과 때문입니다. 그러므로 가능하다면 휴일에 자연이 풍요로운 곳에 나가 시냇물 소리나 새의 지저귐을 들으며 하루를 보내면 더없이 좋을 것입니다.

이것이 어렵다면, 자연음의 음원을 자기 전 휴식시간에 듣기만 해도 충분히 효과가 있습니다.

이번 장에서는 수면의 질을 떨어트리는 요소 중 하나인 '뇌 피로'를 없애려면 어떻게 해야 좋은지 설명했습니다.

몸의 피로와 달리 뇌 피로는 의식하기 어렵습니다. 그러므로 뇌 피로를 해소할 올바른 대책을 세우면 수면 개선에 커다란 효과를 볼 수 있습니다. 뇌 피로를 없애는 방법은 어렵지 않으며, 일상 속에서 바로 할 수 있는 운동이나 행동이 많다는 것을 알게 되셨을 것입니다.

다음 장에서는 질 좋은 수면을 취하기 위한 두 번째 요소, '혈류를 개선하는 방법'에 대해 자세히 설명해보겠습니다.

'528헤르츠', 'f분의 1 흔들림'이 포함된 소리는 뇌 피로 해소에 효과적이다. 꼭 생활에 도입해보자.

3장

—

30분 이내에
깊은 잠드는
몸 만드는 법

혈류를 개선하기만 해도
'잠이 잘 오는 몸'을
쉽게 만들 수 있다

이전 장에서는 '농축 수면'을 하는 데 필요한 '뇌 피로를 없애는 방법'에 대해 설명했습니다. 뇌에 좋은 일들을 습관으로 쌓아가면서 수면을 개선해나갈 수 있습니다.

앞에서 몇 번이나 말했듯이 '농축 수면'이란 '잠이 든 지 30분이내에 제일 깊은 레벨인 논렘수면 상태에 접어들어, 일정 시간 깊이 잠든 상태를 유지하는 수면'을 가리킵니다. 즉 원활하게 깊은 잠에 드는 방법, 깊은 잠을 지속하여 단시간에 좋은 수면을 취할 수 있는 방법입니다.

혈류와 깊은 수면의 관계

짧은 시간 안에 자연스럽게 깊은 잠을 자기 위해서는 '잠이 잘 오는 몸'이 되어야 합니다. 한마디로 말하면, 릴랙스하고 편안하게 이완된 몸이 되어야 합니다.

여기에서는 잘 잠들 수 있는 몸을 만들기 위한 효과적인 방법을 소개하겠습니다.

잠이 잘 오는 몸을 만드는 데 특히 중요한 것은 지금까지 이야기해왔듯이 뇌 피로를 없애고 혈액 순환을 촉진하는 것입니다.

교감 신경이 우위인 긴장 상태는 활발히 활동하기 좋은 상태입니다. 이 상태에서는 원활하게 잠들 수 없습니다. 부교감 신경이 우위가 되어 편안한 상태가 되어야 합니다.

혈액 순환이 좋아지면 부교감 신경이 우위가 되는 경향이 있습니다. 피가 잘 돌면 근육이 이완됩니다. 적당히 이완되어 풀어진 몸은 바로 잠들 수 있습니다. 게다가 깊이 잠들 수도 있습니다.

그리고 전신의 피의 흐름이 좋아지면 당연히 뇌에도 혈액이 활발히 공급됩니다. 혈류 개선은 뇌의 노폐물을 내보내는 데도 도움이 되며, 뇌 피로의 해소로도 이어집니다. 이처럼 혈액 순환은 '잠들 수 있는 몸'을 만드는 데 매우 중요한 역할을 합니다.

이번 장에서는 잠이 든 지 30분 이내에 원활하게 깊은 잠이 들 수 있는 몸을 만드는 방법에 대해 혈류 개선법을 중심으로 몇 가지 간단한 운동을 소개하겠습니다.

point 혈류 개선은 부교감 신경을 우위로 하고 몸을 느슨하게 하여 뇌 피로의 해소에도 도움이 된다.

고양이등이 얕은 잠을
자게 만든다

혈류가 좋아지면 인간의 몸은 릴랙스할 수 있는 상태가 된다고 말씀드렸습니다. 그와 반대로 혈류가 나빠지면 한마디로 말해 몸이 딱딱하게 굳습니다.

그중에서도 비즈니스맨들에게 특히 많이 발견되는 증상이 바로 견갑골 주변의 결림입니다. 등 윗부분부터 중간까지 딱딱하게 굳어 견갑골이 등에 달라붙는 상태가 되므로 충분히 움직일 수 없게 됩니다.

특히 데스크톱 컴퓨터가 아닌 디스플레이 위치가 낮은 노트북을 사용하면 고양이등이 한층 더 심해집니다. 노트북으로 일할 때 어깨나 목의 결림이 심하신 분이 많을 것입니다.

데스크 작업만으로도 부담이 크지만, 문제는 이뿐만이 아닙니다. 통근할 때나 휴식할 때 책상을 벗어난다고 해도 스마트폰을 볼 때는 대부분 굽어진 자세를 취할 것입니다. 이렇게 고양이등 자세를 하고 있는 시간이 더욱 늘어나게 됩니다. 게다가 습관적으로 등을 둥글게 만 상태로 길을 걷는 사람도 있지 않나요?

이러한 생활 탓에 데스크 작업을 주로 하는 비즈니스맨들의 몸은 고양이등이 되기 쉽습니다.

좀 더 자세히 말하자면 목과 어깨가 앞으로 나오고 가슴이 좁아지며 등뼈가 구부러진 자세로 굳어질 가능성이 매우 큽니다.

견갑골 주변의 결림을 풀자

이 자세를 계속하면 어깨나 목이 결리는 사람이 많을 것입니다. 이는 견갑골 주변의 근육이 딱딱해지면서 나타나는 증상입니다.

또한 고양이등 자세를 하는 동안에는 위가 계속 압박받기 때문에 위의 컨디션도 나빠집니다. 폐 역시 압박받아 호흡도 얕아집니다. 고양이등은 인상이 나빠 보일 뿐만 아니라, 몸에도 다양한 문제를 일으키는 자세인 것입니다.

견갑골 주변이 딱딱해져 혈류가 나빠지면 수면에도 물론 나쁜 영향을 끼칩니다.

고양이등은 잠들기 어려운 몸, 잠이 얕아지기 쉬운 몸이 되는 원인입니다. 제 고객들을 살펴보았을 때, 수면 개선에 시간이 특히 더 걸리는 분들은 IT 엔지니어 등 데스크 작업 계통의 앉아서 일하는 분들이었습니다.

실은 저도 예전에는 고양이등 때문에 고민했습니다. 10대 때부터 마사지숍과 체형 교정원에 다녔고 체조를 해보는 등 다양한 시도를 해보았으나 아무리 해도 고양이등이 고쳐지지 않았습니다.

체형 교정 학교도 다녔는데, 체형 교정사 중에는 원래 자세가 나쁜 사람이 많았다는 이야기를 듣고 문제가 심각하다고 느꼈습니다. 마지막으로 골격 교정을 배우면서 드디어 고양이등을 해결할 수 있게 되었고, 지금은 골격 교정을 직업으로 삼고 있습니다.

이러한 경험들을 바탕으로 말하자면 고양이등은 '자세를 올바르게 하자'라는 마음만으로는 고쳐지지 않습니다. 등 근육을 펴자고 의식하며 생활해도 집에 돌아가 힘이 풀리면 원래대로 되돌아갑니다.

또한 등이 딱딱해진 채로 '좋은 자세'를 취하려고 하면 허리가 꺾이는 등 오히려 나쁜 자세가 돼버리는 경우도 많습니다. 고양이등은 척추뼈의 문제만이 아니라는 이야기입니다.

애초에 온종일 자세를 신경 쓰며 지내는 것은 피곤한 일이며, 자세를 신경 쓰다가 다른 부분이 결리는 일도 있습니다.

올바른 자세라고 하면 자연스럽게 좋은 자세를 취할 수 있어야 합니다.

견갑골 주변을 이완하면 자연스럽게 자세가 좋아진다

그런 의미에서 고양이등을 고치는 제일 효과적인 방법은 골격 교정입니다. 제 살롱에서도 골격 교정을 시술하고 있는데, 골반을 똑바로 세우면 고양이등이 한 번에 개선됩니다.

시술 후 "편하게 앉아보세요."라고 말하면 고객 분들은 자연스럽게 등 근육이 펴진 아름다운 자세로 앉을 수 있게 됩니다.

골격 교정은 이렇게 바로 극적인 효과를 가져옵니다. 하지만 누구나 이런 시술을 받을 수 있는 것은 아닙니다. 일상생활 속에서 누구든 혼자 실천할 방법이 필요합니다. 그래서 이번에는 견갑골 주변을 풀고 가동역을 넓혀 고양이등을 개선하는 스트레칭을 소개하겠습니다.

견갑골 주변이 굳어 있으면 등 근육이 펴지지 않으며, 가슴 역시 펴지지 않습니다. 그러므로 의식적으로 자세를 올바르게 하려고 해도 힘을 빼면(또는 신경을 쓰지 않으면) 원래대로 고양이등이 됩니다.

반대로 이야기하자면 견갑골 주변을 이완하면 자연스럽게 자세가 좋아집니다.

견갑골의 가동역을 넓히는 스트레칭은 골격 교정처럼 극적인 효과는 나타나지 않지만, 지속하면 확실히 고양이등을 개선할 수 있습니다.

무리해서 올바른 자세를 취하는 것이 아닌, 자연스럽게 좋은 자세를 취할 수 있는 몸을 만드는 것이 중요하다.

먼저 의자에 앉은 상태로 할 수 있는
어깨 돌리기부터

오랜 시간 컴퓨터로 작업한 후라든지 어깨가 딱딱해져 있을 때는 자신도 모르게 어깨를 풀고 싶을 것입니다. 이미 업무 중간에 어깨 돌리기 운동을 실천하고 있는 분도 많지 않나요? 실제로 어깨를 돌리는 운동은 견갑골 주변의 굳은 근육을 푸는 데 효과가 있습니다.

모처럼 하는 운동이니 가벼운 운동부터 효과적으로 실시해봅시다. 여기서는 견갑골의 가동역을 더욱 넓히는 효과적인 어깨 돌리기를 소개하겠습니다.

견갑골의 가동역을 넓히는 어깨 돌리기

방법은 매우 간단합니다.

우선 양손의 검지를 어깨에 댑니다. 이 상태로 뒤쪽으로 팔꿈치를 크게 돌리면서 어깨를 돌립니다.

손의 위치를 조금 바꿨을 뿐인데 그냥 어깨를 돌릴 때보다 견갑골이 크게 움직인다고 느낄 것입니다. 가동역을 넓히면 많은 근육을 움직일 수 있습니다.

20번 정도 돌리면 딱딱해진 근육이 풀려 피가 통하고 따뜻해질 것입니다(끝나면 앞쪽으로도 돌립니다).

뿌드득 소리를 내며 결림이 풀리는 사람도 있습니다. 등에 붙은 견갑골이 떼어져 자유롭게 움직일 수 있게 됩니다.

이 방법은 효과가 높은 만큼 갑자기 가동역을 넓히면 근육이 아플 수도 있습니다.

평소에 어깨 결림이 심한 사람, 어깨가 강하게 뭉쳐 있는 사람은 무리하지 말고 천천히 돌리는 것부터 시작해보십시오.

이 스트레칭의 장점은 장소를 가리지 않으며 도구도 필요 없어서 언제 어디서나 할 수 있다는 것입니다.

업무 중간이라든지 하루에 몇 번이든 생각날 때마다 돌려주면 좋습니다. 견갑골 풀기의 첫걸음으로 최적인 운동입니다.

견갑골 주변을 이완하는 스트레칭

양손의 검지를 어깨에 대고,
가슴을 크게 펴듯이 뒤쪽으로
팔꿈치와 어깨를 돌린다.

point 어깨를 돌릴 때는 양손 검지를 어깨에 대고
가슴을 펴듯이 팔꿈치를 크게 돌리자.

타월 한 장으로 할 수 있는
견갑골 주변 스트레칭

다음으로 소개할 방법은 타월을 사용한 견갑골 스트레칭입니다.

평소에 페이스 타월 한 장만으로도 견갑골의 가동역을 더 크게 넓힐 수 있습니다. 이것도 사람에 따라 꽤 힘들게 느껴질 수 있지만, 무리하지 말고 조금씩 해봅시다.

견갑골 주변 스트레칭 ①

먼저, 타월을 몸 앞에서 잡는 방법부터 시작하겠습니다.

손바닥을 위로 하여 타월을 잡습니다. 손목을 돌려 타월을 감듯이 손바닥을 아래로 향합니다. 그러면 타월을 짧게 쥔 상태가 됩니다.

이 상태 그대로 세 종류의 스트레칭을 해봅시다.

1. 다리를 어깨 폭 정도로 벌리고 팔을 위로 뻗는다

이 단계에서 견갑골이 넓게 열리는 것을 느낄 수 있습니다. 하자마자 힘들다고 느낄지도 모릅니다. 무리하지 않는 범위에서 가능한 한 위로 팔을 뻗어봅시다.

주의할 점은 허리를 비틀지 않는 것입니다. 팔을 높이 들어 올리면 무의식적으로 허리가 돌아갑니다. 허리가 돌아가지 않는 범위에서 가능한 한 높게 팔을 똑바로 뻗는 것을 목표로 합시다. 호흡을 멈추지 말고 10초 동안 이 자세를 취해봅시다.

2. 팔을 위로 뻗은 상태로 몸을 옆으로 기울인다

천천히 기울여 겨드랑이를 충분히 늘리고 천천히 되돌아옵니다. 다음은 반대쪽으로 천천히 기울이고 천천히 되돌아옵니다.

견갑골 주변 스트레칭 ①

1

손바닥을 위로 하여 잡고 타월을 감듯이 손목을 돌린다.

다리를 어깨너비 정도로 벌리고 팔을 위로 뻗는다.
호흡을 멈추고 10초간 자세를 유지한다.

2

3

팔을 위로 뻗은 상태로 몸을 옆으로 천천히 기울인다.
좌우 2번 왕복한다.

팔을 위로 뻗은 상태로 뒤를 돌아본다.

이것을 2번 왕복합니다.

처음에는 무리하지 말고 서서히 크게 기울이도록 합시다. 이것도 간단하지만 몸이 굳은 사람에게는 꽤 어려운 운동일 것입니다.

3. 팔을 위로 뻗은 상태로 뒤를 돌아본다

목만 뒤로 돌리는 것이 아닌, 허리부터 상체가 뒤를 향하게 합니다.

이것도 좌우로 2번 반복합니다.

이 스트레칭은 자신의 힘으로 몸을 늘리는 것이지만 타월로 양손이 묶인 듯한 상태를 만들면 마치 누군가가 잡아 끄는 듯한 강한 스트레칭을 체험할 수 있을 것입니다.

견갑골 주변 스트레칭 ②

다음으로 몸 뒤로 타월을 잡는 스트레칭으로 넘어가겠습니다. **다시 손바닥을 위로 한 상태로 타월을 잡고, 손목을 돌려 타월을 감습니다**(팔꿈치에 부담이 가해지면 타월을 조금 느슨하게 잡습니다).

마치 손이 뒤로 묶인 상태가 되었습니다.

이 단계에서 팔이 활짝 펴지는 것을 느낄 수 있습니다(이 동작을 시도한 편집자가 무심코 "우와, 이거 대단하다!"라고 외쳤을 정도입니다).

어쩌면 똑바로 서기 어려울지도 모릅니다. 그 경우에는 무리하지 말고 조금 구부정한 자세를 취해주십시오. 다만, 가능한 한 똑바로 서서 가슴을 펴는 편이 효과가 높으니 조금 힘을 내봅시다.

이 자세로 두 종류의 스트레칭을 합니다.

1. 손이 뒤로 묶인 상태 그대로 뒤를 바라본다

아까와 마찬가지로 얼굴뿐만 아니라 허리부터 상체를 뒤쪽으로 돌립니다. 좌우로 2번 반복합니다.

2. 뒤에 있는 팔을 가능한 한 높이 든다

무리하지 말고 조금씩, 하지만 가능한 한 높이 듭니다. 이 운동도 똑바로 선 상태가 이상적이지만, 어렵다면 자세를 조금 앞으로 기울여도 상관없습니다.

이것을 2번 한 뒤, 이번에는 조금 빠르게 팔을 휙휙 올려봅시다. 견갑골이 더 움직이는 것을 느낄 수 있습니다.

이것으로 타월을 사용한 스트레칭이 끝났습니다.

스트레칭을 완료했다면 타월 없이 팔을 위로 올려보거나 어깨를 돌려봅시다. 어깨 주변이 가볍고 가슴을 펴기 쉬워졌다는 것을 알 수 있습니다. 자세도 자연스럽게 좋아졌을 것입니다.

견갑골 주변 스트레칭 ②

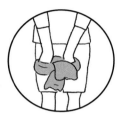

손바닥을 위로 하여
타월을 잡고 감듯이
손목을 돌린다.

1

손이 뒤로 묶인 상태
그대로 뒤를 바라본다.
좌우 2번 왕복한다.

2

뒤에 있는 팔을 가능한
한 높이 위로 든다.

또한 상반신을 중심으로 몸이 따뜻해졌을 것입니다. 이것은 피의 흐름이 좋아졌다는 신호입니다.

조금 어렵다고 느껴지는 동작이 많은 스트레칭이지만, 평소에 굳어 있는 부위를 강하게 늘리게 되어 자꾸 해보고 싶은 개운함을 안겨줄 것입니다.

하루에 한 번을 목표로 꾸준히 해보십시오. 목욕 후 몸이 따뜻해진 상태에서 해보기를 추천합니다.

힘들지 않을 정도로 무리하지 말고 조금씩 천천히 계속해보자.

목욕 타월로 만드는
부드러운 스트레칭 봉

견갑골을 움직여 가슴을 펴는 스트레칭 중 조금 쉽게 할 수 있는 것을 소개해드리겠습니다.

이번에는 목욕 타월을 사용합니다.

헬스장 같은 곳에 가면 스트레칭 봉이라고 불리는 기구가 놓여 있습니다. 길이 1미터 정도의 얇고 긴 원통으로, 우레탄 등의 소재로 만든 탄력이 있는 기구입니다.

목욕 타월을 둥글게 말아 고무줄로 묶으면 이와 비슷한 물건

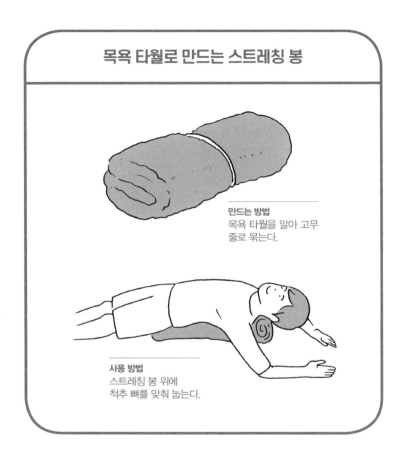

목욕 타월로 만드는 스트레칭 봉

만드는 방법
목욕 타월을 말아 고무
줄로 묶는다.

사용 방법
스트레칭 봉 위에
척추 뼈를 맞춰 눕는다.

을 간단히 만들 수 있습니다.

게다가 본래의 스트레칭 봉보다 부드러우므로 평소에 운동하
지 않는 사람들도 사용하기에 좋습니다.

목욕 타월 스트레칭 봉 만드는 법

이 목욕 타월로 만든 '부드러운 스트레칭 봉' 위에 척추뼈를 맞춰 눕습니다.

그러면 중력으로 어깨가 뒤로 당겨져 가슴이 펴집니다. 고양이등이 심한 사람은 이 정도만 해도 스트레칭 효과를 꽤 느낄 수 있을 것입니다.

이대로 잠시 누워 있어도 괜찮고 가볍게 좌우로 몸을 흔들어 줘도 괜찮습니다. 간단하고 기분 좋게 릴랙스할 수 있는 스트레칭입니다.

 특히 등이 딱딱하며 운동 부족인 사람에게 추천합니다.

자세가 변하면
정신 건강도 변화한다

고양이등 교정으로 자세가 좋아지면 혈류가 좋아지는 효과가 있을 뿐만 아니라 정신 건강을 개선하고 긍정적인 마인드를 만드는 데도 도움이 됩니다.

정신 건강이 좋지 않은 사람, 활기가 없는 사람은 그것이 외모나 행실로 나타납니다. 예를 들어 우울해지기 쉽거나, 어깨가 처져 있거나, 웃음이 적거나 하는 등 외모로 그 사람이 힘이 없다는 것을 알 수 있습니다.

정신과 의사는 진료실에 들어오는 환자의 자세, 걸음걸이로
징후를 읽어낸다고 합니다.

**그와 반대로 자세나 표정 등의 외모와 행동을 바꾸면 정신 건
강에 영향을 미치는 경우도 있습니다.**
　자신감이 없는 사람도 얼굴을 들어 가슴을 펴기만 해도 자신
감이 조금 생깁니다. 웃는 표정을 지으면 즐거운 기분이 듭니다
(이것은 2장의 '미소 연습법'에서도 소개했습니다). 허벅지에 힘을 주어 빨
리 걸으면 활기가 솟아나기도 합니다.
　**즉 활기차지 않아도 활기찬 행동을 할 수 있으며 실제로 그런
행동으로 진짜 활기가 생기는 경우가 있습니다.** 물론 활기차지
않게 행동함으로써 점점 활기가 사라지는 경우도 있겠지요.

수면 개선에 도움이 되는 '피지올로지'란?

　**이처럼 행동을 바꾸어 정신을 개선해나가는 방법을 '피지올로
지**(physiology; 생리학이라는 뜻으로 보편적으로 사용하는 말은 아닌데, 마음을
단련한다는 의미로도 쓰인다.−역주)**'라고 합니다.**
　미국 대통령 선거 기간 중에 후보자에게 이미지 컨설턴트가

붙어 연설이나 TV 토론 등에서의 복장부터 행동, 발성까지 코디네이트한다는 것은 잘 알려져 있습니다.

이것은 유권자에게 좋은 이미지를 주는 것을 주된 목적으로 하고 있으나, 그와 동시에 '당당하고 대통령에 어울리는 태도'를 취하게 만들어 후보자의 자신감을 높이는 효과도 있습니다.

가슴을 펴고 큰 몸짓과 손짓을 넣은 연설은 청중들을 매료시키기 이전에 후보자 자신의 마음을 고무시켜줍니다.

이 피지올로지 사고법은 수면 개선에도 도움이 됩니다. **자세를 올바르게 하면 긍정적인 정신을 갖게 됩니다. 앞서 말한 뇌 피로의 원인인 스트레스에도 잘 대응할 수 있으며, 매일을 건강하게 보낼 수 있습니다.**

이러한 점들을 살펴보아도 비즈니스맨들에게 많이 나타나는 고양이등의 개선은 '농축 수면'에 깊은 의미가 있습니다.

 point **피지올로지 사고법은 수면 개선에도 좋은 효과를 발휘한다.**

겨우 6번의 스쿼트로
혈액 순환을 개선할 수 있다

전신에 피를 보내는 기관이라고 하면 먼저 심장을 떠올릴 것입니다. 하지만 혈류를 촉진하는 역할을 하는 것은 심장뿐만이 아닙니다. 전신의 근육도 피의 순환과 큰 관련이 있습니다.

특히 장딴지 근육은 전신에 혈액을 보내는 펌프 역할을 하여 '제2의 심장'이라고 불릴 정도입니다.

평소에 운동을 하며 근육량이 많은 사람은 혈류도 활발합니다. 실제로 '농축 수면'을 지도해보았더니 근육량이 많은 스포츠맨 타입인 분들은 수면 개선이 원활했습니다. 그러므로 이미 운동을 다니면서 트레이닝하는 습관이 있는 분들은 꼭 그 습관을 이어나갔으면 좋겠습니다.

운동 습관을 들이려면 먼저 간단한 것부터

평소에 운동하는 습관이 없는 사람은 집에서 간단히 할 수 있는 근육 트레이닝부터 시작해봅시다.

구체적으로 매일 스쿼트 6번 하기부터 도전해보기를 추천합니다. 이렇게 말하면 '겨우 6번으로 괜찮나?'라고 놀랄지도 모릅니다. 일단 6번으로 시작해도 충분합니다. 지금까지 많은 고객들이 6번만으로도 효과를 거두었습니다.

운동 습관을 잘 들이는 포인트는 간단해야 한다는 것입니다.

확실히 스쿼트를 6번 하기보다는 30번 하는 편이 높은 효과를 기대할 수 있습니다. 하지만 "매일 스쿼트를 30번 하십시오."라고 하면 '나한텐 무리야!'라고 느끼는 사람들이 많을 것입니다.

또는 처음 3일 정도는 열심히 하지만 점점 귀찮아져서 1번도 하지 않게 되는 경우도 많을 것입니다. 게다가 갑자기 힘든 운동을 시작해서 부상이라도 입으면 최악의 상황으로 치닫습니다.

'농축 수면'에 필요한 근육을 기르기 위해서는 우선 간단해도 좋으니 운동을 시작해보십시오. 그리고 운동을 습관화하는 것을 제일 먼저 생각합시다.

그러므로 스쿼트 6번 하기부터 시작해도 좋습니다. 물론 간단해서 효과가 없다면 계속할 마음이 사라집니다. 이러한 점에서 단 6번만으로도 방법에 따라 충분한 효과를 얻을 수 있다는 것이 스쿼트의 놀라운 점입니다.

스쿼트는 하나의 동작만으로도 '인간에게 필요한 근육에 모두 효과가 있다'라고 해도 좋을 정도로 폭넓은 근육을 사용하는 운동입니다. 다리 근육은 물론이고 복근이나 등 근육과 같은 체근을 모두 사용하는 트레이닝 종목입니다.

또한 하반신에는 허벅지나 엉덩이 등 커다란 근육이 있습니다. 커다란 근육을 단련해나감으로써 효율적으로 혈류를 개선할 수 있습니다.

게다가 하반신 운동에는 자율 신경을 정돈하는 효과도 있습니다. 몇 번이나 이야기한 교감 신경과 부교감 신경의 전환이 원활해지는 것입니다. 이것도 수면 개선에 긍정적으로 작용합니다.

운동 습관이 없는 사람이 질 좋은 잠을 위해 한 가지 근력 트레이닝을 하고 싶다면 스쿼트 이상 좋은 선택은 없습니다.

'농축 수면'의 관점에서도 스쿼트는 제일 효과가 좋은 트레이닝이라고 할 수 있습니다.

올바른 스쿼트 방법

스쿼트는 누구든 해본 적 있는 운동이지만 올바른 방법은 의외로 잘 알려지지 않았습니다. 효과는 뛰어나지만 잘못된 자세로 스쿼트를 하면 무릎이나 허리에 통증이 느껴지기 쉬운 운동이기도 합니다. 여기에서는 효과도 뛰어나면서 몸에 부담을 주지 않는 올바른 스쿼트 방법을 소개하겠습니다. 다음의 여섯 가지 포인트를 의식하면서 시도해주십시오.

1. 다리는 어깨너비 또는 어깨너비보다 조금 넓게 벌린다.
2. 천천히 무릎을 굽히고 천천히 일어난다. 슬로우 스쿼트가 효과적이다.
3. 무릎을 굽힐 때, 무릎이 발끝보다 앞으로 나가지 않도록 하면 무릎이 아프지 않다.
4. 무릎을 앞으로 너무 내밀지 말고 엉덩이를 뒤로 내민다. 의자에 앉는 것처럼.
5. 고양이등이 되거나 허리를 구부리는 것은 NG. 똑바로 무릎을 굽히고 일어선다.
6. 호흡을 멈추지 않는다. 무릎을 굽히면서 숨을 들이마시고 일어나면서 뱉는다.

올바른 스쿼트 방법

1

다리는 어깨너비 또는 어깨너비보다 조금 넓게 벌린다.

2

숨을 들이마시면서 천천히 무릎을 굽히고, 숨을 뱉으면서 천천히 일어난다. 호흡을 멈추지 않는다.

무릎을 발끝보다 앞으로 내밀지 않는다.

고양이등이 되거나 허리를 굽히는 것은 NG.

어떠신가요? 이 방법이면 겨우 6번의 스쿼트로도 조금 호흡이 가빠질 것입니다. 다리뿐만 아니라 등 근육이나 복근에도 효과가 있는 것을 실감할 수 있을 것입니다.

특히 중요한 포인트는 무릎이 아프지 않은 것입니다. 무릎을 굽힐 때 무릎이 앞으로 나가지 않도록 처음에는 거울을 옆에 두고 자세를 체크해봐도 좋습니다. 부상 방지를 위해 허리를 굽히지 않는 것도 중요합니다.

이 스쿼트를 먼저 하루에 6번만 시작해보십시오.

매일의 습관과 함께하면 계속할 수 있다

지금까지 운동 습관이 없었던 사람은 깜빡해서 스쿼트 하는 것을 빼먹거나 매일 하기 어렵다고 느낄지도 모릅니다.

운동뿐만 아니라 무언가를 습관으로 만들 때 좋은 방법이 있습니다.

매일 하는 일과 함께하는 것입니다.

예를 들어 샤워나 양치는 누구든지 매일 합니다.

그러므로 '욕실에 들어가기 전에 스쿼트를 한다', '매일 양치하

기 전에 스쿼트를 한다'라고 결심하는 것입니다.

반대로 의욕이 높아져 좀 더 해보고 싶은 분들도 계시겠지요. 그 경우에는 한 번에 하는 횟수를 늘리는 것보다 아침저녁으로 6번씩 해보기를 권합니다.

1일 6번의 스쿼트에 익숙해진 사람도 다음 단계로 아침과 밤에 각각 6번씩 해봅시다. 10번, 20번으로 한 번에 할 수 있는 횟수를 늘려가는 것은 그 이후에 해도 좋습니다.

근력이 있는 사람은 처음부터 6번으로는 부족하다고 느낄지도 모릅니다. 하지만 그 경우에도 갑자기 20번, 30번 하는 것은 추천하지 않습니다.

다음 날 근육통이 심해지거나 무릎이 아프면 계속하고 싶은 생각이 사라지기 때문입니다.

먼저, 매일 근육을 사용하는 습관을 들입시다. 이것이 잠이 잘 오는 몸을 만드는 지름길입니다.

이번 장에서는 혈류의 순환을 좋게 만드는 방법을 중심으로 원활하게 잠이 들고 깊이 잘 수 있는 몸을 만드는 방법을 소개했습니다.

현대 사회에서는 온종일 몸을 계속 움직여야만 바쁜 것이라고 말할 수 없습니다. 오히려 업무가 바빠질수록 오랜 시간 같은 자세로 움직이지 않는 생활을 하기 쉽습니다. 그러므로 혈류를 개선하는 것만으로도 놀라울 정도로 잘 잘 수 있게 되기도 합니다.

'농축 수면'을 실현하기 위해서는 몸을 정돈하고 수면 환경도 더욱 좋게 관리할 필요가 있습니다. 다음 장에서는 '잠들기에 더욱 이상적인 환경 만들기'에 대해 설명해보겠습니다.

point 스쿼트를 계속하기 위해서는 횟수를 줄이고 빈도를 늘린다.

4장

잠의 효율을
최대로
끌어올리는
수면 환경
정돈법

침실을 '자기 위한 장소'로 재인식한다

잠으로 고민하는 사람은 중년층 이상의 이른바 한창 일할 세대들일 거라고 생각하고 계시진 않나요. 업무적으로 책임이 무거워지면서 체력이 떨어지고, 몸 이곳저곳에 안 좋은 증상들이 나타나 잠을 잘 자지 못할 거라고 생각합니다.

한편 젊어서 건강할 때는 누구든 잘 잘 거라고 생각합니다. 하지만 제가 여는 세미나나 강연회에는 대학생부터 사회인이 된 지 몇 년 안 된 젊은 사람도 많이 참석합니다.

수면 세미나에 올 정도이니 당연히 그들은 잠을 잘 자지 못합니다. 졸린 듯한 표정, 어두운 얼굴색, 눈 밑의 다크서클 등으로도 알 수 있습니다.

이러한 젊은 사람들을 보면 그 사람이 어떤 방에서 잠을 자는지 상상하게 됩니다. 혼자 사는 원룸, 또는 부모님 집의 자기 방, 혹은 꽤 어질러진 방인 경우도 있겠지요.

침대나 이불이 있지만 잠을 자는 장소로서의 환경이 전혀 갖춰져 있지 않은 방, 그런 환경이야말로 잠의 질을 떨어트립니다.

수면의 질은 침실 환경에 좌우된다

예를 들어 몸이 건강해도 실제로 잠을 잘 때의 환경이 나쁘면 수면의 질이 떨어지고 맙니다.

이전 장에서 소개한 것처럼 뇌 피로나 혈류를 개선해도 수면 환경이 좋지 않으면 소용이 없습니다. 침실은 피로를 해소하고 내일의 활력을 만들어내기 위한 신성한 장소입니다. 그러한 환경을 등한시해서는 안 됩니다.

그러므로 '농축 수면'을 실현하기 위해서는 '수면 환경을 정돈한다'라는 요소도 필요합니다.

이번 장에서는 수면 환경 정돈을 위한 구체적인 방법을 소개하겠습니다. 그 이전에 먼저 강조해두고 싶은 부분이 있습니다.

무엇보다도 '침실은 잠을 자는 장소'라고 다시 인식하는 것이 중요합니다.

침실은 잠을 위해 있는 장소이며, 수면에 최적화되어 있어야 합니다. 수면을 방해하는 요소, 수면과 관계없는 물건은 가능한 한 배제해야 합니다.

하지만 집 사정은 사람마다 제각각입니다. 원룸에 살아서 침실을 분리할 수 없는 사람도 있습니다. 이번 장에서는 그런 경우의 대응책도 같이 소개해드리겠습니다.

 침실 환경과 수면의 질은 밀접하게 연결되어 있다.

침대를 소파 대신에
쓰는 사람은
좀처럼 잠을 잘 자지 못한다

매우 바쁜 생활을 하는 사람은 때때로 소파에서 잠들어버리는 경우가 있을 것입니다. 잠깐 쉴 생각이었으나 그대로 잠들어 쓰러진 후, 새벽녘에 소파에서 눈이 떠진 경험이 있는 사람도 많습니다. 이처럼 침대 대신 소파에서 잠을 자는 것은 이상적인 수면이라고 할 수 없습니다. 제대로 침대에 누워 자는 편이 좋습니다.

하지만 바쁘게 생활하다 보면 때때로 어쩔 수 없이 소파에서 잠을 잘 때가 있겠죠. 어쩔 수 없는 일이긴 하지만 이와 반대되는 행동만큼은 수면의 질을 높이기 위해 절대로 해서는 안 됩니다.

소파를 침대 대신에 쓰는 것이 아닌, 침대를 소파 대신에 쓰는 행동입니다.

이것만은 반드시 그만둬야 합니다. 자는 시간 이외에 힐링 공간으로 침대를 사용하는 경우가 많지 않으신가요? TV를 보면서 뒹굴거나 게임을 하거나 컴퓨터나 태블릿으로 동영상을 보거나 책을 읽거나 간식을 먹을 때도 있겠지요. 이렇게 원래 소파에서 해야 할 일들을 침대에서 합니다.

뇌에게 '침대는 잠을 자는 장소'라고 인식시킨다

어째서 이러면 안 되는 걸까요.

침대를 잠자는 곳 이외의 용도로 사용하면 '이곳은 잠을 자는 장소다'라는 인식이 옅어져버리기 때문입니다.

그러면 막상 자려고 침대에 누워도 뇌와 몸이 원활하게 잠들지 못합니다.

침대는 어디까지나 잠을 자기 위한 장소입니다. 잘 때 이외에는 침대에 누워서는 안 됩니다.

이것을 철저하게 지키면 밤에 침대에 누웠을 때 바로 잠이 옵니다. '이곳은 잠을 위한 장소다'라고 뇌가 인식하기 때문입니다.

근육이 이완되고 부교감 신경이 우위가 되어 자연스럽게 수면 모드로 넘어갈 수 있습니다.

또한 같은 이유로 깨어난 뒤에 침대에서 계속 뒹굴뒹굴하는 것도 좋지 않습니다. 역시 '침대는 자는 장소'라는 인식이 약해지기 때문입니다. 깨어났다면 가능한 한 빨리 침대에서 나오도록 합시다.

침대를 소파로 바꾸는 한 장의 천

하지만 원룸에 사는 분들은 어쩔 수 없이 깨어 있는 동안, 생활공간에서 침대를 사용할 수밖에 없을 것입니다.

집에 오면 일단 침대에 앉아 조금 쉬는 습관이 있을지도 모릅니다. TV를 볼 때도 침대에 앉고, 식사도 침대에 앉은 채로 할지도 모릅니다. 이처럼 침대를 소파 대신에 사용할 수밖에 없는 분은 조금 방법을 연구해보십시오.

아침에 일어나면 침대 전체를 가릴 만한 커다란 천으로 침대를 덮어보십시오.

이러면 침대는 소파로 바뀝니다. 깨어 있는 동안에는 소파로 사용해도 괜찮습니다. 쿠션을 놓아두어 더 소파답게 만들어도 좋습니다. 그리고 잘 때가 되면 천을 벗겨 소파에서 침대로 되돌립니다.

이러면 천을 벗긴 뒤에 본래의 모습을 되찾은 침대를 잠을 위한 장소로 인식할 수 있습니다. 천을 덮은 '소파'와 천을 벗긴 후의 침대를 다른 가구로 인식하는 것입니다.

침대를 소파 대신에 사용하는 것에 따른 문제는 이런 방법으로 해결할 수 있습니다.

 수면의 질을 높이기 위해서는 '침대는 잠을 위한 장소'라는 인식을 새기는 것이 중요하다.

침실 걸레질만으로도
깊은 잠을 자게 된다

최근에 '농축 수면'을 배우기 시작한 고객 H씨가 기쁜 듯이 말씀하셨습니다. "마츠모토 선생님께서 추천해주신 침실 걸레질을 바로 해봤더니 무척 기분이 좋았어요!"

H씨뿐만 아니라 고객 분들에게는 침실 걸레질을 추천해드리고 있습니다. 걸레질만으로도 수면이 훨씬 깊어질 정도로 효과가 굉장하기 때문입니다. 시도해보면 아시겠지만, '이렇게 먼지 투성이인 방에서 자고 있었구나!'라며 깜짝 놀랄 것입니다.

침대 아래의 먼지는 호흡을 얕게 만들어
수면을 방해한다

특히 침대 아래는 좀처럼 걸레질을 할 기회가 없으므로 먼지가 많이 쌓입니다.

먼지가 많은 환경은 잠에 나쁜 영향을 미칩니다.

먼지를 들이마시는 것은 호흡기에 좋지 않기 때문에 자연스럽게 호흡이 얕아집니다.

먼지투성이인 방은 안심하고 호흡조차 할 수 없는 방인 것입니다. 호흡이 얕아지면 자율 신경이 흐트러지며, 릴랙스할 수 없습니다. 당연히 잠도 얕아집니다. 비염이나 천식을 앓는 분이라면 더욱 그렇습니다.

그러므로 H씨처럼 침실을 걸레질하면 매우 기분이 좋아집니다. 눈에는 보이지 않아도 방 환경이 극적으로 좋아졌다는 것을 몸으로 느낄 수 있습니다. 특히 깨끗이 걸레질한 뒤에 한 번 외출하고 돌아오면 방의 공기가 바뀐 걸 확실하게 느낄 수 있을 것입니다.

그러므로 한시라도 빨리 침실을 걸레질해보셨으면 좋겠습니다. 바닥은 물론이고 침대 밑도 잊지 말고 닦아주십시오. 선반이 있다면 그 위에도 먼지가 쌓여 있을 테니 닦아줍시다. 또한 침실에 공기청정기를 놓는 것도 추천합니다.

실내 먼지는 정전기 때문에 벽에 붙어 있는 경우가 많다고 합니다.

섬유유연제를 사용해 세탁한 천으로 마른 걸레질을 하면 정전기가 사라져 먼지가 잘 붙지 않습니다.

**point 침실에는 생각 이상으로 먼지가 많다.
걸레질로 깨끗한 상태를 유지하자.**

'나무발 침대'야말로
최고의 침대다

침실 걸레질을 습관으로 만들려면 침실을 걸레질하기 쉬운 곳으로 만들어야 합니다. 그러기 위해서는 방 정리는 물론이고 침대를 다시 점검해보기를 추천합니다.

침대 밑에는 먼지가 쌓이기 쉬우니 자주 청소하는 것이 좋다는 점을 생각해보면, 침대 다리에 판이 붙어 있어 밑이 막혀 있거나 침대 밑이 수납장으로 되어 있는 것보다는 다리가 튀어나와 있는 형태의 침대가 좋습니다.

바닥을 노출시킨다는 의미에서는 맨 바닥에 이불을 깔고 자고, 일어나면 이불을 개어 장롱에 넣어두는 것도 한 가지 방법입니다. 침대처럼 일정한 공간을 차지하지 않기 때문에 걸레질 청소는 확실히 쉬워질 것입니다.

하지만 이불은 바닥에 직접 깔기 때문에 통기성이 나쁘다는 문제가 있습니다. 다다미를 까는 일본식 방이라면 문제가 없겠지만 서양식 바닥에 이불을 깔면 어쩔 수 없이 습해집니다.

또한 이불을 장롱에 넣어두기만 하면 점점 습기가 차기 때문에 수시로 건조시킬 필요도 있습니다.

침실을 쾌적하게 유지하는 '나무발 침대'

사실 저는 최근에 지금까지 사용하던 침대를 버렸습니다. 아무리 청소해도 밑에 먼지가 쌓이는 게 싫었기 때문입니다. 그렇다면 지금은 어디서 자고 있냐고 물으신다면, '나무발 침대'를 사용하고 있습니다.

이 나무발 침대야말로 제가 추천하고 싶은 최고의 침대입니다. 그다지 들어본 적 없을지도 모르겠지만 인터넷에 검색하면 다양한 제조사에서 판매하는 제품을 찾아볼 수 있습니다. 문자 그대로 자는 면(이불을 까는 면)이 '나무발'로 되어 있는 침대입니다.

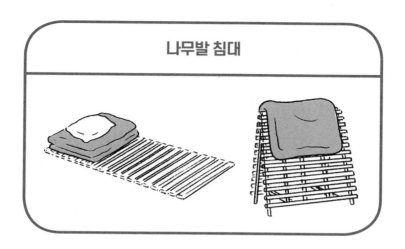

나무발 침대

    모양은 제조사에 따라 차이가 있지만 제가 추천하고 싶은 것은 다리가 없고 나무발 두께만큼의 높이밖에 없는 타입입니다.

    구매해보았더니 사용법이 무척 간단하여 제 마음에 들었습니다. 침실을 쾌적하게 유지하기 위한 최고의 침구라고 자신 있게 추천할 수 있습니다.

    나무발 침대의 좋은 점을 이야기해보겠습니다.

    먼저, 나무발로 되어 있기 때문에 통기성이 매우 뛰어나다는 것은 말할 필요도 없습니다. 목재로 되어 있는 나무발은 습기를 적당히 흡수합니다. 또한 노송나무나 삼나무 같은 질 좋은 목재를 사용한 침대를 고르면 그 향기 자체로도 수면의 질이 상승하는 효과가 있습니다.

또 한 가지, 이것도 타입에 따라 다르지만 **제가 사용하는 나무발 침대는 정중앙을 접어 세울 수 있습니다. 그렇기 때문에 벽에 세워두면 방 안의 공간을 거의 차지하지 않습니다.**

침대지만 사용하지 않을 때는 이불처럼 접어둘 수 있습니다. 원룸에 살면 방 대부분의 면적을 침대가 차지하기 쉬운데, 그런 문제도 해결할 수 있습니다.

그뿐만이 아닙니다. **세워둔 나무발 침대에 깔아두었던 이불을 걸면 그대로 이불 건조대가 됩니다. 창가 등 햇볕이 좋은 곳에 두어 간단하게 이불을 말릴 수 있습니다.** 접이식 타입인 나무발 침대를 사용하면 매일 바닥을 닦을 수 있으며 매일 이불을 말릴 수 있습니다.

당연히 사람마다 침구 취향이 있으니 자신이 기분 좋게 잘 수 있는 제품을 선택하는 것이 좋습니다. 다만, 혹시 침대 때문에 방 청소를 하기 힘들다고 느낀다면 나무발 침대를 생각해보십시오. 침실 청소가 쉬워지면 쾌적한 수면 환경을 유지하기가 매우 편해집니다.

point 침대에는 먼지가 쌓이기 쉽다. 수면 환경을 정돈하기 위해서는 '나무발 침대'를 추천한다.

'침구의 가격'과 '수면의 질'이 비례하지 않는 이유

지금까지 '나무발 침대'에 대해 말씀드렸는데 잠으로 고민하는 사람들은 '편안한 잠'이나 '숙면'과 같이 뛰어난 기능을 내세우는 이불이나 매트리스를 주의 깊게 살펴볼 것입니다. 요통이나 어깨 결림 등을 개선하는 제품을 비롯해 이러한 침구는 대부분 가격대가 비쌉니다. 지갑에 여유가 있다면 고민하여 자신에게 딱 맞는 제품을 찾아도 좋습니다. **하지만 '농축 수면'을 실천하는 데 고가의 침구나 특별한 침구가 필요하지는 않습니다.**

오히려 고가의 침구를 구매하는 것은 우선순위가 낮은 일이라고 생각합니다. 그 이유는 침구에는 수명이 있으므로 적절한 시기에 바꾸는 것이 중요하기 때문입니다.

매트리스의 스프링은 사용하면서 점점 약해집니다. 그 사람의 수면 자세에 따라 특정 부분이 울퉁불퉁해집니다. 이불도 사용할수록 전체적으로 찌부러집니다. 수면 자세에 따라 솜이 쏠리거나 하여 균형이 깨집니다. 또한 매트리스든 이불이든 서서히 안에 먼지가 쌓여 진드기가 발생하는 문제를 피할 수 없습니다. 진드기는 알레르기 비염 등의 원인이 됩니다.

이러한 점들을 생각해보면 이불이나 매트리스의 수명은 5년 정도라고 보는 편이 좋겠지요. 매트리스는 반년마다 뒤집거나 위아래를 바꾸어 수명을 조금 늘릴 수 있지만, 10년이나 사용하기는 힘듭니다.

쾌적한 수면 환경을 만들려면 5년 기준으로 침구를 바꾸는 것이 무엇보다 중요합니다. 5년 사이클로 바꾸는 물건에 얼마나 돈을 투자할 수 있으신가요? 적당한 가격에 기분 좋게 잘 수 있는 제품을 고르는 것이 제일이라고 생각합니다.

point 침구는 정기적으로 교환한다. 고를 때는 가격에 현혹되지 말고 누웠을 때의 편안함으로 선택해보자.

수면 효율을 최대화하는
온도와 습도

원활하게 잠이 들고 깊게 잘 수 있는 수면 환경을 만드는 첫걸음은 침실을 정리하고 청결하게 만드는 것입니다. 이것만 해도 잠의 질이 훨씬 개선되는 것을 실감할 수 있을 것입니다. 하지만 이상적인 잠에 더욱 가까이 가기 위해 다른 요소들에도 신경을 써봅시다.

먼저, 침실 온도와 습도를 어느 정도로 조정하면 좋을지 설명해보겠습니다.

잠들 때는 뇌와 몸의 온도가 내려갑니다. 원활하게 뇌가 차가

온도 🌡	여름: 25~26도 겨울: 22~23도
습도 💧	50~60%
포인트	• 여름에도 겨울에도 '조금 시원하게' 설정한다. • 개인차가 있으므로 이 온도를 기준으로 쾌적한 온도를 찾는다. • 온도는 잠옷이나 침구로도 조정한다.

수면의 질을 높이는 온도와 습도

워지지 않는 환경에서는 좀처럼 잠들 수 없습니다.

너무 더운 방에서는 잠이 잘 오지 않으며 한여름의 열대야가 괴로운 것은 이러한 이유에서입니다.

그러므로 기본적으로 너무 더운 방은 수면의 질을 떨어트린다고 생각해주십시오.

구체적으로는 대개 겨울에는 22~23도, 여름에는 25~26도 정도가 수면에 제일 좋은 실내 온도라고 알려져 있습니다.

다만, 더위나 추위는 성별이나 개인차에 따라 다르게 느낍니다. 냉방 중인 방에서 남자는 '아직 덥다'라고 이야기하는데 여자는 추워서 카디건을 걸치고 있는 광경도 종종 목격됩니다. 그러므로 앞서 이야기한 온도를 기준으로 삼아 자신에게 기분 좋은 온도를 조정해보십시오.

'조금 시원한데'라고 체감할 정도가 적당합니다. 추위를 잘 느끼는 사람은 기분 좋게 따뜻한 정도를 목표로 해도 좋습니다.

에어컨으로 실내 습도를 조정하는 것뿐만 아니라 잠옷이나 침구를 이용하여 제일 쾌적한 온도를 만드는 것도 중요합니다.

여름에는 시원한 느낌의 냉감 기능이 있는 시트를 사용해도 좋으며, 겨울에는 폭신폭신한 털이 있는 요 패드를 사용해 따뜻하게 자도 좋습니다.

침구나 잠옷은 온도 조절뿐만 아니라 피부에 닿는 촉감도 주의하여 입었을 때 기분이 좋은 제품을 선택해주십시오.

습도는 50~60%가 쾌적합니다. 여름에는 에어컨을 제습 모드로 하고 겨울에는 가습기를 사용하는 것도 추천합니다. 비염이나 꽃가루 알레르기 등이 있는 사람은 공기청정기를 사용해도 좋습니다.

point 침실 온도는 조금 시원한 정도를 추천. 에어컨뿐만 아니라 잠옷이나 이불로도 조정하자.

몸에 부담이 없는
최고의 베개는
스스로 만들 수 있다

베개는 자신의 몸에 맞는 것을 사용하는 것이 무엇보다도 중요합니다.

너무 높은 베개는 몸에 맞지 않는 전형적인 베개입니다.

너무 높은 위치에 목이 고정되어 있으면 극단적으로 말해 베개에서 목이 축 늘어진 상태로 자게 됩니다. 다음 페이지의 그림처럼 어깨와 목과 요 사이에 공간이 생겨, 자는 내내 목이 매달린 상태가 되어버립니다.

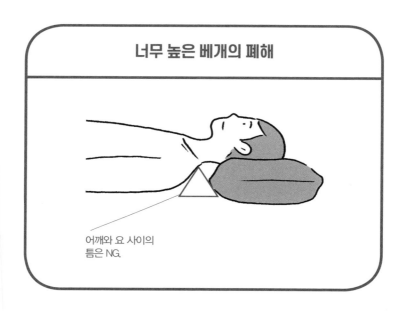

너무 높은 베개의 폐해

어깨와 요 사이의
틈은 NG.

몸이 아픈 이유는 베개의 '높이'가 맞지 않기 때문

아침에 일어났을 때 목이 아프거나 어깨가 결리는 것은 베개의 높이가 맞지 않는 것이 원인일 가능성이 큽니다.

이러한 증상이 없어도 자는 동안 불편해서 베개를 빼는 바람에 아침에 일어나면 베개를 베고 있지 않은 경우가 많은 사람은 아마도 베개가 몸에 맞지 않을 가능성이 있습니다.

이불이나 매트리스처럼 베개도 뛰어난 기능을 주장하는 고가의 베개가 많이 판매되고 있습니다. 좋은 상품이어도 중요한 것은 역시 자기 몸과의 매칭입니다.

예를 들어 저의 경우, 이름을 대면 모두가 아는 모 해외 메이커의 고급 베개가 아무리 해도 몸에 맞지 않습니다. 호텔 중에 이 베개를 사용하는 곳이 있어 때때로 사용하긴 하지만, 그때마다 꼭 목이 아픕니다. 아무리 평가가 좋은 베개라도 이런 일이 있습니다.

좀 더 비싸긴 하지만 주문 제작으로 자신에게 맞는 베개를 만드는 방법도 있습니다. 그것으로 만족스러운 베개를 얻을 수 있다면 다행이겠지만, 높이가 맞더라도 소재가 좋지 않은 것들도 많으며 잠시 사용해보고 '하나 더 살까'라고 느끼면 큰돈을 낭비하게 됩니다.

베개에도 역시 수명이 있으며 아무리 좋은 베개라도 평생 사용하는 경우는 없다는 것을 생각해야 합니다.

이러한 문제를 바탕으로 지금까지 자신에게 맞는 베개를 만나지 못한 사람에게 **지금 사용 중인 베개를 약간 변형하여 자신에게 맞는 베개를 만드는 방법**을 추천해보고 싶습니다.

이 책 속에서는 지금까지 타월이 몇 번이나 활약해주었습니다. **여기서 소개하는 스스로 만드는 베개도 타월로 간단히 만들 수 있습니다.**

바로 만드는 방법을 설명하겠습니다.

1. 목욕 타월 1장(얇은 경우에는 2장)을 준비한다.
2. 목욕 타월을 앞으로 둥글게 만다.
3. 둥글게 만 목욕 타월을 베개 아래에 붙인다.
4. 목욕 타월을 세팅했다면 그 위에 목을 대고 눕는다(높이를 높이려면 타월을 많이 말고, 낮추려면 적게 만다).

이렇게 완성된 베개는 둥글게 만 타월이 그 두께만큼 목, 어깨와 요 사이의 틈새를 메워줍니다. 이 모양이 포인트입니다. 실제로 누워보면 목이 베개에 확실히 맞춰질 것입니다.

다음에는 타월을 치우고 원래 베개만 베고 누워봅시다. 이번에는 목 밑부터 어깨 아래가 비어 있으며 지탱할 곳이 없는 것처럼 느껴질 것입니다. 이 틈새를 타월이 메우는 것입니다.

포인트는 목, 어깨와 요 사이의 공간을 메우는 것

이 스스로 만든 베개의 원리는 단순합니다.
타월이 밑에서 목을 지탱해주는 것입니다.

자신에게 맞는 베개 만드는 법

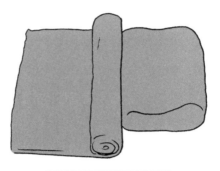

평소에 사용하는 베개 아래에
둥글게 만 목욕 타월을 붙인다.

목과 요 사이의 공간이 메워지며
몸에 대한 부담이 사라진다.

앞에서 이야기했듯이 자신에게 맞지 않는 베개는 대부분 너무 높은 경우가 많습니다. 그러므로 타월을 이용해 목과 요 사이를 타월로 메워주면서 목을 편안한 상태로 유지해줍니다.

또 한 가지는 타월이 밑에서 어깨를 지탱해주는 것입니다.

3장에서 말씀드렸듯이, 고양이등 자세인 사람들이 많습니다. 고양이등이 되면 어깨가 앞으로 나옵니다. 그리고 자는 자세를 살펴보면, 어깨가 이불에서 조금 떠 있습니다.

어깨가 떠 있는 상태에서는 어깨 주변의 근육이 계속 긴장하게 됩니다. 이것이 편안한 잠을 방해합니다. 그러므로 어깨와 요 사이를 타월로 메워주면 편안하게 잘 수 있습니다.

이처럼 목과 어깨를 지탱해줌으로써 절묘한 피팅감이 탄생하게 됩니다. 이 방법이라면 타월을 마는 횟수를 조절하여 높이를 바꿀 수 있습니다. 목의 길이나 사용하는 베개의 높이에 맞추어 제일 좋은 높이를 찾아보십시오.

또한 똑바로 누워서 자기가 힘들고 옆으로 누워야만 잠을 잘 수 있는 경우에는 안고 자는 베개를 만들어보기를 추천합니다.

안고 자는 베개가 있으면 팔과 다리를 놓을 곳이 있으므로 그만큼 근육의 긴장을 풀어줄 수 있습니다.

만드는 법은 간단합니다. 위 그림처럼 이불을 말아 끈 등으로

이불로 만드는 안는 베개

묶기만 하면 됩니다. 이렇게 하면 옆으로 눕는 자세를 취해도 몸의 부담이 적어 편안하게 잘 수 있으며 출장지나 여행지에서도 간단히 만들 수 있습니다.

 point 베개를 벨 때는 목, 어깨와 요 사이를 채워주자.

침실에 어울리는
향이란?

향을 잘 이용해도 침실을 더욱 릴랙스할 수 있는 공간으로 만들 수 있습니다. 간단히 소개해보겠습니다.

아로마 오일은 전문점에서 구매하자

세미나나 강의를 하면서 남성 참가자 중에 집에서 아로마를

태우는 사람들이 조금씩 늘고 있다고 느꼈습니다.

후각이 감정이나 기억과 관련이 깊다는 것이 뇌 과학 연구로 밝혀졌습니다. 이에 따라 아로마테라피의 건강 효과도 의료 분야에서 본격적으로 주목받게 되었습니다.

일본에서는 아로마테라피 용품이 잡화로 취급되지만, 해외에서는 의료에 가까운 학문으로 대학에서 교육이 이뤄지며 정신과 등에서 의사가 환자에게 처방하기도 합니다.

수면 개선에 도움이 되는 아로마 향도 몇 가지 있습니다. '농축 수면'에 반드시 필요하다고는 할 수 없지만, 만약 흥미가 있다면 잘 활용해보는 것도 좋습니다.

편안한 잠에 효과적인 아로마 오일을 몇 가지 소개해보겠습니다.

릴랙스하면서 진정하고 싶을 때는 '라벤더'를 추천합니다.

'캐모마일 로만'은 신경성 질환에 진통 작용이 있으므로 두통이나 신경통이 있는 분께 좋습니다. 안정 피로에도 효과가 있습니다.

'유향'은 호흡기 계통에 작용한다고 합니다. 호흡이 얕아지기 쉬운 사람은 이것을 사용하면 깊이 호흡할 수 있게 되어 릴랙스할 수 있습니다. 원래 호흡기 계통이 약한 저도 애용하고 있습니다.

아로마 오일은 아로마 포트로 태우거나 아로마 디퓨저라고 불리는 전용 기구로 기화시키는 것이 일반적이지만, 간편하게 즐기는 방법도 있습니다.

아로마 오일을 한 방울 떨어트린 티슈를 머리맡에 두는 것도 좋으며, 머그잔에 3방울 정도 넣고 뜨거운 물을 부어 사용할 수도 있습니다.

저는 때때로 베갯잇에 직접 오일을 뿌리기도 합니다.

한 가지 주의해야 할 점은 진짜 아로마 오일을 사용해야 한다는 점입니다.

'진짜'라는 말에 고개를 갸웃거리는 사람들도 많을 것입니다.

확실히 라벤더 향이 나는 오일은 100엔숍에서도 살 수 있습니다. 하지만 이렇게 저렴한 상품은 화학물질인 향료를 사용한 제품이며 식물 성분을 추출한 본연의 아로마 오일이 아닙니다. 즉 아로마테라피로서 효과가 없습니다. 아로마테라피 전문점에 가면 진짜 아로마 오일을 구매할 수 있습니다.

또한 아무리 편안한 잠에 효과가 있다고 해도 향기에는 호불호가 있기 때문에 좋아지지 않을 것 같은 향기는 사용하지 않는 편이 좋습니다. 자신이 좋다고 느끼는 향만 사용해도 좋습니다.

참고로 아로마 오일 중에는 편안한 잠과는 반대로 아침 기상에 효과가 있는 오일도 있습니다. '레몬' 등의 감귤 계통이나 '민트' 같은 것입니다. 집중력을 높이고 두뇌를 명석하게 만드는 '로즈마리' 등도 각성 효과가 있는 향입니다.

좋아하는 향이라도 이러한 향들을 침실에서 사용하면 잠을 방해할 수 있으니 주의해야 합니다.

이번 장에서 소개한 것처럼 수면 환경에는 다양한 요소가 관계되어 있습니다. 하나하나 언급하자면 끝이 없지만 이상적인 침실을 만들 수 있는 즐거움이 많다고도 할 수 있습니다.

하지만 무엇보다 중요한 것은 방을 정리하는 것입니다. 먼저 청결하게 정돈된 방에서 자는 것을 목표로 해보십시오.

다음 장에서는 조금 더 범위를 넓혀 '농축 수면'을 실천하는 데 효과적이면서 바로 실행할 수 있는 생활 습관을 폭넓게 소개해보고 싶습니다.

point 중요한 것은 릴랙스할 수 있어야 한다는 것. 바로 편안한 환경을 만드는 것입니다.

5장

수면의 '질'을 극적으로 높이는 11가지 습관

수면을 바꾸는 것은
'작은 습관'의 축적이다

지금까지 이야기해온 것처럼 '농축 수면법'으로 수면의 질을 높이기 위해서는 '뇌 피로를 없앨 것', '혈액 순환을 촉진할 것', '수면 환경을 정돈할 것'이라는 세 가지 요소가 필요합니다. 이를 위해서는 생활 속의 온갖 측면에서 좋은 수면을 만드는 습관을 실천하는 것이 중요합니다. 어렵게 생각할 필요는 없습니다. 매일 생활 속에서 작은 습관을 쌓아가는 것이 '농축 수면'을 실현하는 생활입니다. 이번 장에서는 아침, 점심, 밤으로 나누어 수면을 개선하기 위한 11가지 습관을 소개해보겠습니다.

습관1
휴일에도 같은 시간에 일어난다

평소에 잠을 잘 자지 못하는 사람은 휴일에 늦게 일어납니다. 평일의 수면 부족을 보충하려는 듯이 늦게까지 자기 때문이지요.

수면의 질이 낮았을 때, 저는 평일과 휴일의 수면 시간에 큰 차이가 있었습니다. 휴일에는 12시간 넘게 자는 일도 잦았습니다.

오랫동안 잠을 잔다고 해도 수면의 질이 낮으면 '충분히 잤다'고 할 수 없으니 소용이 없었습니다.

휴일의 '잠 보충'으로는 뇌나 몸의 피로를 풀 수 없습니다.

휴일에 점심때까지 잔 후에 느껴지는 몸의 나른함, 침울한 기분, 무기력함 등 안 좋은 느낌을 경험하신 분들이 많을 것입니다. 잠을 과하게 잔 뒤에 두통을 느끼거나 몸의 마디마디에서 통증을 느낀 분들도 있을 것입니다.

더 좋지 않은 것은 평일과 휴일에 수면 리듬이 변하면 체내 시계에 이상이 생긴다는 것입니다.

평소에는 7시에 일어나는데 휴일에는 점심때까지 잠을 자면, 몇 시에 일어나 몇 시에 자야 할지 몸이 알 수 없게 됩니다. 그러면 자율 신경이 흐트러져 정신 건강과 몸 컨디션이 악화됩니다.

일종의 시차 적응이 필요한 상태라고 생각해주십시오.

그렇게 되면 밤에 잠을 자야 할 시간이 되어도 졸리지 않으며 잠자리가 나쁘고, 아침에 일어나는 게 괴로워지며 낮에는 졸음 때문에 고생하는 상태가 됩니다. 잠들기 어려우며 일어나기 어려운 몸이 되어버리는 것입니다.

이를 방지하기 위해서는 체내 시계를 맞추어야 합니다. 그러기 위해서는 휴일에도 평소와 같은 시간에 일어나는 습관을 들이는 것이 중요합니다.

휴일이니 좀 더 자고 싶은 마음은 알지만, 휴일에야말로 잘 일어나서 밤에 자연스럽게 졸음이 오는 리듬을 만들어 두어야 휴일 이후의 생활에서도 활력이 넘치게 될 것입니다.

─ 습관2 ─
체내 시계를 맞추는 아침 행동

매일 같은 시간에 일어나는 것 이외에도 체내 시계를 맞추는 다른 방법이 있습니다.

다음의 두 가지 포인트를 의식하여 아침 시간을 보내는 방법을 바꾸면 체내 시계가 맞춰집니다.

1. 일어나면 바로 햇볕을 쬐라

먼저, 아침에 일어나면 햇볕을 쬡시다.

인간의 몸은 아침 햇볕을 쬐면 체내 시계가 초기화되게 되어 있습니다. 여기서 각성 스위치가 켜지며, 개인차가 있지만 14~16시간 후 밤이 되면 '멜라토닌'이라는 호르몬이 분비되어 졸리게 됩니다.

아침 햇볕을 쬠으로써 각성과 수면의 사이클이 다시 설정되는 것입니다.

그러므로 일어나면 바로 커튼을 열고 햇볕 쬐기를 의식적으로 해보십시오. 아무리 흐리거나 비가 오는 날이라도 그렇게 하십시오. 아침의 빛을 쬔다는 데에 의미가 있습니다.

2. 아침을 먹어라

또 한 가지는 아침을 먹는 것입니다.

위장 활동으로도 체내 시계가 초기화되기 때문입니다.

이렇게 말해도 아침에는 식욕이 없는 사람도 있으니 억지로 많이 먹을 필요는 없습니다.

바나나 1개라도 좋으며 스무디를 만들어 마시는 것도 좋습니다. 요구르트도 간단하게 먹기 좋습니다. 견과류는 간단히 집어 먹을 수 있으며 영양도 풍부하므로 추천합니다.

아침에 아무것도 먹지 않는 사람은 오전 중에 기운이 없거나 졸립니다. 이것은 영양이 부족하다기보다는 위장이 움직이지 않아 몸이 제대로 깨어나지 못한 탓입니다.

아침에 일어나면 위에 부담을 과하게 주지 않으며 편하게 먹을 수 있는 음식을 먹어봅시다. 이러면 몸을 확실하게 각성시키면서 체내 시계도 맞출 수 있습니다.

습관3
일어나면 물을 한 잔 마시자

아침에 일어나서 한 잔의 물을 마시는 것을 습관으로 들입시다. 이 한 잔의 물에도 위를 움직이는 효과가 있는데 또 한 가지 중요한 의미가 더 있습니다.

인간은 잠을 자면서 많은 땀을 흘립니다. 그러므로 일어날 때 탈수 증상을 느끼거나 탈수에 가까운 상태가 됩니다.

수면 시간이 긴 사람은 그만큼 많은 수분을 잃기도 합니다. 탈수 증상은 몸 전체적으로 좋지 않은데 특히 뇌에 심각한 영향을 미칩니다.

뇌의 수분이 부족해지면 사고력이나 집중력이 떨어집니다. 아침에 제일 수분이 필요한 부위는 뇌입니다. 그러므로 빠르게 수분을 보충해줍시다.

또한 아침에는 상온의 물을 마시는 것이 좋습니다. 차가운 물을 마시면 몸이 차가워져서 자극이 너무 강하기 때문입니다. 아무엇도 넣지 않고 끓인 물도 좋습니다.

　독자 분들 중에는 아침에 커피만 마시고 나가는 분들도 계실 겁니다. 커피에는 각성 효과가 있으며 너무 과하게 마시지만 않는다면 나쁘지 않습니다.

　다만, 일어난 직후에 위가 비어 있는 상태에서 갑자기 커피를 마시면 너무 강한 자극이 됩니다. 또한 커피에는 이뇨작용도 있으므로 수분 보충을 하기에는 어울리지 않습니다.

　게다가 카페인에는 의존성이 있으므로 계속 마시다 보면 커피 없이는 각성할 수 없게 될 수도 있습니다. 아침에 일어나서 먼저 물을 한 잔 마시고 그 후에 커피를 마시는 편이 좋습니다.

　사실 좋은 잠을 잘 수 있는지는 아침에 일어날 때 어느 정도 정해집니다.

　매일 정해진 시간에 일어나 뇌와 몸을 확실히 각성시키면 낮 동안의 행동이 변화하는 것은 물론이고 밤에 원활하게 잠들기 쉬워집니다.

　좋은 수면을 만드는 것은 아침의 생활 습관입니다.

단 15분의 파워냅(낮잠)이
오후의 업무 효율을 한층 더 높인다

최근에는 수면 개선의 방법으로 낮잠이 주목받고 있습니다. 밤의 수면 시간을 줄이거나 업무의 생산성을 높이기 위해서는 짧게 낮잠을 자는 편이 좋다고 잘 알려져 있습니다.

실제로 짧은 낮잠의 효과는 굉장합니다. '농축 수면'을 실천하기 위해서라도 꼭 시도해보길 바라는 습관입니다.

제 살롱에서도 압도적으로 많은 고객 분들이 '낮잠을 자게 되면서 매우 편안해졌다'라고 말씀하셨습니다.

무엇보다도 비즈니스맨들은 낮잠을 쉽게 잘 수 없습니다. 사원의 업무 효율을 향상시키기 위해 수면실을 마련하는 선진적인 회사도 조금씩 나타나고 있지만, 아직 매우 적습니다.

자신의 자리에서 낮잠을 자려고 해도 낮잠이 허용되는 분위기인 직장도 있는 한편, 허용되지 않는 직장도 있을 것입니다. '낮잠이 효과적이라는 것은 알지만, 실제로 하기는 어렵다'는 분들도 많을 것입니다.

여기에서는 낮잠을 자기 어려운 환경에 있는 분들도 실천할 수 있는 현실적인 낮잠, '파워냅' 방법을 소개해드리겠습니다.

그전에 먼저 이상적인 파워냅 방법을 설명하겠습니다.

시간대로는 오후(12~15시 사이)에 15분 동안 자는 것이 제일 적합합니다. 길어도 30분까지가 최대입니다.

30분 이상 자면 본격적인 수면이 되어버립니다. 그러면 그 수면에서 깨어나는 데 시간이 걸려 오후의 업무 효율이 올라가기는커녕 잠깐 멍한 상태로 시간을 보내게 됩니다. 또한 너무 긴 낮잠은 밤의 수면에 영향을 미칩니다. 밤에 잠들기 어려워지거나 잠이 얕아집니다.

고객 중에 F씨는 네일 살롱을 운영하고 있습니다. F씨는 원래 너무 오래 자는 타입이었는데 매일 1~2시간 낮잠까지 잤습니다. 그만큼 수면의 질이 떨어졌으며 피로가 풀리지 않았고 언제나 졸려서 고민했습니다.

그래서 F씨에게는 낮잠 시간을 15분 정도로 줄이도록 조언해 드렸습니다. 또한 **"누울 필요 없이 의자에 앉아 눈을 감고 있는 정도가 좋습니다."**라고도 말했습니다.

이렇게 낮잠 방법을 개선한 효과는 바로 나타났습니다. F씨는 "2시간 낮잠을 잤을 때보다도 지금이 더 몸이 편합니다."라고 말했습니다. 또한 업무 중에 졸음을 느끼지도 않았으며, 집중력도 높아졌다고 말했습니다.

효과적인 낮잠의 철칙은 짧은 시간 안에 끝내는 것입니다.

그러므로 낮잠을 잘 때는 알람을 맞추고 너무 오래 자지 않는

것이 기본입니다.

또한 최근에 널리 알려진 방법인 '커피 낮잠'도 추천합니다. 커피에 함유된 카페인의 각성 효과는 섭취하고 30분 전후로 나타납니다. 낮잠 전에 커피를 한 잔 마셔두면 일어날 때 카페인 효과가 발동하여 원활하게 깰 수 있습니다.

이처럼 15~30분 정도 낮잠을 제대로 잘 수 있다면 제일 좋겠지만 이것이 가능한 환경이 아닌 분들도 많을 거라고 앞서 이야기했습니다.

하지만 이른바 '낮잠'을 취할 수 있는 환경이 아니더라도 파워 냅은 가능합니다.

먼저, 낮잠이라고 해도 누워서 자는 것이 필수는 아닙니다. 의자에 앉은 채로 눈을 감기만 해도 충분히 효과가 있습니다.

최근 20년간 우리의 생활은 눈과 뇌를 혹사하는 방향으로 변화했습니다. 깨어 있는 동안에는 항상 컴퓨터나 스마트폰으로 블루 라이트가 눈에 들어오며, 글자 정보가 대량으로 뇌에 전송됩니다.

자세한 내용은 2장의 안정 피로 대책 부분에서 말씀드렸는데, 눈은 '노출된 뇌'라고도 합니다. 그 정도로 시신경과 뇌는 깊은 관련이 있다는 것입니다.

깨어 있는 시간, 눈이 떠 있는 동안에는 항상 뇌가 움직이며 뇌에 피로가 쌓여갑니다. 그러므로 그저 눈을 감기만 해도 뇌와 눈의 신경이 쉴 수 있습니다. 파워냅으로 반드시 잘 필요는 없으며 눈을 감고 있기만 해도 효과가 있습니다.

의자에 앉아 눈을 감을 뿐이라면 사무실에서도 파워냅을 실천할 수 있습니다. 영업직 등 밖에 나가는 일이 많은 분이라면 전철 이동 시간을 파워냅에 할애해보는 것도 좋겠습니다.

낮잠 시간을 바꾸고 싶다면 빈 시간에 카페 등을 이용하는 방법도 있습니다. 이조차 어려우신 분들도 있을 것입니다. 너무나도 바쁜 직장에서 눈을 감고 가만히 있으면 안 좋은 시선을 받기 쉬운데, 너무 바빠서 점심시간조차 가질 수 없는 환경에 있는 분들도 포기할 필요가 없습니다. 그런 경우에는 화장실의 개인 칸에 들어가 3분 정도라도 좋으니 눈을 감고 쉬어봅시다. 이것만으로도 꽤 편해질 것입니다.

어찌 됐든 누워서 낮잠을 자야 한다는 고정관념에 사로잡히지 말고, 가능한 방법으로 현명하게 파워냅을 실천해보셨으면 좋겠습니다.

습관5
깊은 잠으로 이어지는 통근 시의 간단한 운동

몸을 움직인 날에는 잘 잘 수 있다는 것을 누구든 경험을 통해 알고 있을 거라고 생각합니다. 잠의 질을 높이기 위해 매일 적당한 운동을 습관으로 들이면 매우 효과가 있습니다.

여기서 이야기하는 운동은 절대로 격한 운동이 아닙니다. 일상 속에서 할 수 있는 워킹이나 스트레칭 등의 가벼운 운동으로도 충분합니다.

오히려 지금까지 운동 부족이었다고 해서 갑자기 격한 운동에 도전하는 것은 생각해볼 문제입니다.

최근에는 경영자 등 이른바 '잘나가는' 비즈니스맨들 사이에서 풀 마라톤이나 철인 3종 경기 등을 취미로 삼는 분들도 늘어나고 있습니다. 이러한 격한 스포츠는 물론 몸과 마음에 긍정적인 효과를 주지만, 무엇보다 연습 후의 상쾌함이 굉장하다고 잘 알려져 있습니다. 그러나 수면 개선의 관점에서 보면 반드시 긍정적인 면만 있는 것은 아닙니다.

아드레날린을 뿜어내어 한계에 도전하는 스포츠는 그 자체가 뇌 피로의 원인이 될 수 있기 때문입니다. 이러한 점은 운동 부족과는 연관이 없는 프로 운동선수들이 종종 불면으로 고민한다는 점에서 알 수 있습니다.

하지만 현실에서 이러한 '과도한 운동'을 하게 될까 봐 우려하는 사람들은 소수겠지요.

수면의 질이 낮은 사람들 대부분은 일상적으로 몸을 움직이는 습관이 없는 것이 문제입니다. 일상생활 속에서 무리하지 않고 조금씩 운동을 해봅시다.

하지만 "운동 습관을 들입시다."라고 조언하면 "그럴 시간이 없습니다."라는 대답을 종종 듣습니다. '스마트폰을 보거나 게임을 할 시간이 있으니 운동할 시간도 조금 할애할 수 있을 텐데……'라고 생각하지만, 굳이 이런 말까지는 하지 않습니다.

바쁜 생활 속에서 운동을 하려면 처음부터 제대로 시간을 할애하려 들지 말고, 먼저 생활 속에 운동을 도입해보는 것이 첫 번째입니다. 예를 들어 통근이나 외출로 걸을 기회가 있다면 그 시간을 걷기 시간으로 삼으면 됩니다.

걷는다고 해서 고양이등으로 터벅터벅 걸어서는 운동이 되지 않습니다. 등을 펴고 허벅지로 빠르게 걷도록 해봅시다. 명치를 몸의 중심으로 삼고 배로 발을 내민다고 생각하면 됩니다.

해보면 알겠지만, 이렇게 걸으면 가슴이 펴지고 가슴 근육과 등 근육이 제대로 움직입니다. 물론 하반신 근육도 쓰입니다.

좋은 자세로 걷는 것은 전신의 근육을 사용하는 훌륭한 운동입니다. 수면이 개선될 뿐만 아니라 쓸데없는 살이 줄어들고 근육이 조여지며 체형도 변합니다.

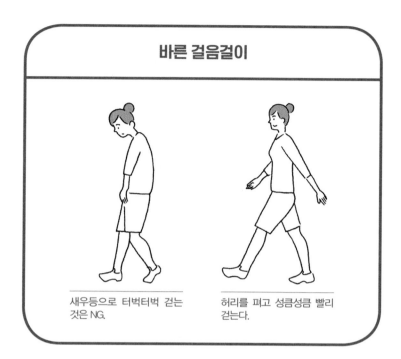

바른 걸음걸이

새우등으로 터벅터벅 걷는
것은 NG.

허리를 펴고 성큼성큼 빨리
걷는다.

데스크 작업이 많은 사람은 업무 사이에 종종 어깨를 말게 됩니다. 3장에서 이야기했으나, 앉은 상태를 유지할 때 굳기 쉬운 견갑골 주변이나 횡격막을 걷기로 풀어줄 수 있습니다.

걷는 시간을 그다지 할애하지 못하는 사람이라면 종아리를 문지르는 것만으로도 효과가 있습니다. 앞에서 이야기했듯이 종아리는 심장과 마찬가지로 혈류를 촉진하는 펌프 역할을 합니다.

걷기 등의 운동을 할 수 없을 때도 종아리를 문질러 혈류를 개선할 수 있습니다.

그리고 일상생활 속에서 운동량을 늘리기 위해 계단을 적극적으로 이용해봅시다. 여기에서도 터벅터벅 또는 터덜터덜 계단을 올라가기만 해서는 효과가 반감됩니다. 등 근육을 펴고 가슴을 열고 아름다운 자세로 올라가봅시다.

좋은 자세를 취하면 긍정적인 기분이 됩니다. 좋은 자세로 보내는 시간이 늘어나면 그만큼 정신 건강도 좋아집니다.

습관6
영양에 신경 쓰고 항산화 식사를 선택하자

제 살롱에서는 수면으로 고민하는 고객 분들에 대한 영양 상담도 시행하고 있습니다. 의사가 개발한 판정 키트를 사용해 영양 상태를 알아보았더니 대부분의 고객 분들이 영양 상태에 문제가 있었습니다.

대부분의 고객이 비타민이 부족했습니다. 비타민 부족은 뇌 피로나 무기력, 답답함 등 정신 건강의 악화로 이어집니다.

충분한 양의 음식을 섭취해도 식단이 치우쳐 있어서 영양실조 상태인 사람이 많습니다. 바빠서 편의점이나 인스턴트식품에 의존하기 쉬운 사람은 필요한 비타민이나 미네랄을 식사로 섭취하기 어렵습니다.

또한 스트레스가 많은 생활은 비타민 군의 소모를 초래하므로 영양 부족으로 이어집니다. **좋은 수면을 취할 수 없는 원인 중 하나는 제대로 영양을 섭취하지 않기 때문입니다.**

그렇다면 어떻게 식생활을 개선하면 좋을까요?

영양상으로 이상적인 식사라고 해도, 100퍼센트 직접 만들어야 하며 친환경 식자재를 사용한 식생활로 바꾸는 것은 바쁜 비즈니스맨에게 현실적인 방법이 아닙니다. 점심 식사로 편의점이나 패스트푸드 가게를 전혀 이용하지 않을 수도 없습니다.

영양 상태를 개선하려면 지금까지의 식생활의 연장선상에서 가급적 좋은 선택을 하는 것이 현명한 전략입니다.

예를 들면 다음과 같습니다.

- 편의점에서는 도시락만 구매하지 말고, 샐러드를 중심으로 한 메뉴를 짜보자.
- 점심은 라면이나 덮밥 같은 단품 요리가 아닌 정식을 고르자.
- 오늘의 정식을 먹자. 고기를 먹은 다음 날에는 생선을 먹는

등 다양한 메뉴를 선택하자.

- 배가 고플 때 먹는 과자를 아몬드나 호두 등의 견과류로 바꾸자.
- 채소를 먹을 기회를 늘리자.
- 설탕이 들어간 음료를 끊고 물이나 차를 마시자.

좀 더 대략적으로 말하자면 '건강에 신경 쓰는 사람이라면 어떤 선택을 할까?'라는 기준으로 메뉴를 고르는 습관을 들여봅시다. 이러면 영양 상태가 조금씩 좋아집니다.

평소 메뉴 선택에 관심을 기울이고 '항산화' 효과가 있는 식품을 적극 섭취하는 것도 중요합니다.

업무 등으로 스트레스를 느끼거나 하면 활성 산소가 쌓이거나 뇌가 산화됩니다. 여기서 이야기하는 뇌의 산화는 지금까지 몇 번이나 문제로 삼아온 뇌 피로와 거의 같은 현상이라고 생각해도 좋습니다. 이를 방지하는 데 항산화 작용을 하는 식품이 도움이 됩니다.

항산화 작용을 하는 식품으로는 **마늘**(특히 발효시킨 흑마늘), **녹황색 채소, 참깨나 견과류, 코코넛 오일** 등이 있습니다. 또한 **루이보스티**도 항산화성이 높으므로 물이나 차 대신에 마셔도 좋습니다.

식사에 대한 마지막 조언으로, 한 가지를 덧붙이고 싶습니다.

항산화 작용이 뛰어난 식품

　저는 지금까지 많은 고객 분들의 영양 상담을 해왔습니다. 그 경험상 많은 사람들에게 부족해지기 쉬운, 영양소가 많은 식품이자 추천하고 싶은 식품이 있습니다. 바로 '간'입니다. 비타민이나 단백질 등이 풍부하여 개인적으로는 '현대인의 식생활에 부족한 영양을 보충해주는 최강의 식품'이라고 생각합니다.

　싫어하는 사람도 많을 거라고 생각하지만, 일주일에 1~2번은 간을 먹을 기회를 마련했으면 좋겠습니다.

술을 마실 때는 같은 양의 물을 마시자

조금만 즐긴다면 좋은 약이 된다고 알려진 술도 과하게 마시면 잠을 얕게 만듭니다. 수면의 질을 높이기 위해서는 가급적 삼가는 것이 정답입니다.

하지만 업무나 생활 속에서 마셔야만 하는 상황도 있습니다. 즐겁게 마시며 스트레스를 발산하는 것도 때로는 좋습니다.

여기서 몸에 부담을 주지 않고 요령 있게 술을 마시는 방법을 익혀봅시다.

우선, '반드시 피해야 하는 술'을 말씀드리겠습니다.

그것은 바로 잠을 자기 위해 마시는 술입니다.

수면으로 고민하는 사람 중에는 '술을 마시지 않으면 잠들 수 없다'라는 사람들도 있습니다. 하지만 잠을 위한 술만은 절대로 마셔선 안 됩니다.

알코올을 섭취하면 확실히 졸립니다. 하지만 이것은 본래의 수면이 아닙니다.

뇌가 알코올로 마비되어 나타나는 일종의 혼수상태라고 생각해주십시오. 진짜 수면이 아니므로 알코올이 깬 밤에는 각성이 일어나고 맙니다.

'술을 마시면 잠을 잘 수 있다'라고 생각해도, 실제로는 술로 잠이 얕아지고 마는 것입니다.

또한 알코올에는 탈수를 촉진하는 작용도 있습니다. 앞에서 설명한 것처럼 탈수로 제일 큰 손상을 받는 것은 뇌입니다. 이 점도 간과해선 안 되는 리스크입니다.

게다가 자기 전에 알코올을 섭취하면 자는 동안에 몸이 알코올 분해 작업을 계속합니다. 이래서는 모처럼 잠을 자도 몸의 피로를 풀 수 없습니다. 결과적으로 낮 동안에 피로나 졸음을 느끼게 됩니다.

잠을 위해 술을 마시는 습관을 유지하면 뇌나 몸에 피로가 축적되어갑니다. 수면의 질은 점점 저하됩니다. 그러면 잠을 위해 더욱 많은 알코올을 필요로 하게 됩니다. 잠을 위한 술은 알코올 의존증으로 이어지는 길이기도 합니다.

만약 잠을 위해 술을 마시는 습관이 있다면 꼭 끊길 바랍니다. 잠을 위한 술이 아니더라도 술을 마신 후에 바로 자는 것은 좋지 않습니다.

마신 후에는 수면까지 1시간 이상, 가급적 2시간은 비워둡시다. 알코올을 분해하여 배출하는 시간을 갖고 자는 편이 깊은 잠을 잘 수 있습니다.

또 하나, 술을 잘 마시려면 꼭 명심해야 할 습관이 있습니다.

반드시 같은 양의 물을 마시는 것입니다. 위스키처럼 강한 술은 물론이고 맥주든 와인이든 일본주든 술을 마실 때는 같은 양의 물을 함께 마시도록 합시다.

물을 함께 마시면 알코올에 따른 탈수를 방지할 수 있으며, 알코올을 분해하거나 배출하기가 쉬워집니다. 과음을 방지하는 효과도 기대할 수 있습니다.

습관8
저녁 식사 때 당질을 과하게 섭취하지 않는다

'농축 수면'을 실천하는 고객 분들께 '저녁식사 때 당질을 섭취하지 않았더니 매우 잘 잤다'라는 이야기를 종종 듣습니다.

당질 제한이 유행한 이후, 주로 다이어트 목적으로 밥이나 면류 등의 당질을 줄이는 사람들이 늘고 있습니다.

수면의 관점에서도 밤에 당질을 과하게 섭취하는 것은 그다지 좋지 않습니다.

당질은 분해하는 데 시간이 매우 오래 걸리기 때문입니다. 자기 전에 당질을 많이 섭취하면 알코올과 마찬가지로 자는 동안에 내장이 '야근'을 해야 하므로 결국 수면이 얕아집니다.

또한 혈당치가 올라가거나 당질 분해로 소비된 비타민이 부족해도 수면에 악영향을 미칩니다. 그러므로 저녁식사 시에 당질을 과하게 섭취하지 않는 것은 수면을 위해서 좋은 선택이라고 할 수 있습니다.

그렇다고 당질을 눈엣가시로 삼으라는 이야기는 아닙니다.

라이프스타일이나 음식의 기호는 사람마다 제각각입니다. 저녁에는 밥을 먹고 싶은 사람도 있겠지요. 맛있는 카레나 우동 가게에 친구나 가족과 외출하는 밤도 있을 것입니다.

무리하면서까지 당질을 아예 먹지 말라는 것이 아닙니다.

'한 그릇만 먹자'라든가 '많이 먹지 않기'처럼 당질의 과도한 섭취에 주의하기만 하면 됩니다. 또한 이것도 알코올의 경우와 마찬가지로 당질을 섭취한 후에 잠이 들 때까지 잠시 시간을 두도록 합시다.

저녁식사는 늦어도 취침 3시간 전에는 끝내도록 합시다. 어쩔 수 없이 저녁이 늦어질 때는 소화에 좋은 음식을 조금만 먹도록 합시다.

목욕은 취침 90분 전에

목욕은 혈액 순환을 좋게 하며 스트레스를 해소해줍니다. 편안한 잠을 위해서는 매우 효과적이므로 샤워로 끝내지 말고 천천히 욕조에 몸을 담그는 습관을 들였으면 좋겠습니다.

목욕의 효과를 높이기 위해, 욕조에 들어갈 타이밍에 주의해주십시오.

제일 좋은 타이밍은 취침 90분 전입니다.

이것은 인간이 잠에 드는 메커니즘과 관계가 있습니다. 4장에서 설명했던 것처럼 **원활하게 잠이 들기 위해서는 뇌와 몸 온도가 낮아져야 합니다.**

잠이 들 때는 뇌와 몸의 온도, 이른바 '심부 온도'는 낮아집니다. 원활하게 뇌가 식지 않는 환경에서는 좀처럼 잠들 수 없습니다.

목욕하고 몸이 따뜻해진 직후에는 당연히 뇌 온도가 꽤 높아져 있습니다. 여기서부터 뇌가 식기 때까지는 시간이 걸립니다. 그러므로 목욕한 직후에 이불에 들어가면 바로 잘 수 없습니다.

목욕 후 가능하면 90분, 최소한 60분이 지나 뇌의 온도가 낮아질 무렵에 침대에 눕는 것이 제일 좋습니다.

귀가가 늦어지거나 하여 입욕 후에 90분이나 깨어 있을 수 없는 날도 있을 것입니다. 그 경우에는 목욕 방법을 바꾸어봅시다.

40도 이하의 따뜻한 물에 짧은 시간(10분 이내) 몸을 담가봅시다. 이러면 체온이 너무 높이 올라가지 않아 뇌를 식히기 쉬워지므로 침대에 누울 때까지의 시간을 단축할 수 있습니다.

또한 샤워하면서 발만 담그는 것도 좋습니다.

목욕 후에 취침까지 반드시 90분의 시간을 두는 것이 어려울지도 모르지만, 지금까지 '목욕한 뒤에는 잔다'라는 습관이 있었던 사람은 '목욕 후에는 바로 자지 않는다. 뇌를 식히는 시간을 갖는다'라는 의식을 가져보십시오. 의식적으로 뇌를 식히는 시간을 만들면 잠자리가 좋아지는 것을 실감할 수 있을 것입니다.

참고로 고객인 G씨에게 목욕 시간에 대한 조언을 했더니 예상치 못한 부산물을 얻었습니다. G씨에게는 어린 자녀가 있습니다. 지금까지는 '목욕한 뒤에는 바로 자자'라며 아이에게 말했는데, 좀처럼 잠들지 않아 고생했다고 합니다. 그런데 "마츠모토 씨의 조언에 따라 저녁식사 전에 목욕을 하고 밥을 먹고 시간을 보낸 뒤에 재웠더니 아이가 바로 잤습니다."라고 말해주었습니다.

이 이야기를 듣고 깨달았습니다. 목욕 후에 바로 자는 습관을 들인 사람이 많은 것은 어렸을 때 "목욕 후에 몸이 식기 전에 자거라."라고 교육받은 영향 때문인지도 모릅니다.

뇌 과학적으로 잠들기에 최적인 타이밍은 뇌가 '목욕 후에 식었을 때'입니다. 좋은 타이밍에 효과적인 목욕을 시도해보십시오.

습관10
장의 컨디션을 조절하라

앞서 말했듯이 장은 '제2의 뇌'라고 불리며 뇌의 기능이나 정신 건강의 작용과 깊이 관련되어 있습니다.

장에서는 뇌내에 작용하는 다양한 호르몬이 만들어집니다. 그중에서도 **수면과의 관계에서 중요한 것은 '세로토닌'과 '멜라토닌'입니다.**

'행복 호르몬'이라고 불리는 세로토닌은 스트레스를 완화하는 역할을 합니다. 장내 환경이 악화되어 세로토닌의 분비가 줄어들면 짜증이 나며 심할 때는 우울한 상태가 되기도 합니다. 당연히 뇌의 피로도 쌓이기 쉬워집니다.

멜라토닌은 한마디로 말하면 '수면 호르몬'입니다. 편안하고 깊게 잠들기 위해서는 꼭 필요한 호르몬입니다. 장의 컨디션이 나빠져 멜라토닌이 줄어들면 수면 질의 저하로 직결됩니다.

또한 장은 혈액의 흐름에도 큰 영향을 미칩니다. 섭취한 영양분을 흡수하고 그것을 혈액에 실어 전신에 보내는 역할을 담당하는 것이 바로 장이기 때문입니다.

즉 '농축 수면'의 요소인 '뇌 피로를 없애는 일', '혈액의 순환을 좋게 만드는 일' 모두에 장이 연관되어 있습니다.

수면 개선을 위해서 장의 컨디션을 조절하는 습관도 들여봅시다. 구체적으로는 다음 두 가지 습관입니다.

1. 뜨거운 타월을 이용해 장을 따뜻하게 한다.
2. 장을 마사지한다.

1. 뜨거운 타월을 이용해 장을 따뜻하게 한다

이 방법은 어렵지 않습니다. **머리나 눈, 목을 이완할 때와 마찬가지로 뜨거운 타월을 배에 대어 따뜻하게 하는 것뿐입니다.**

추운 계절에는 물론이고 한여름의 더위에도 고객 분들께 이 방법을 권해드렸더니 '기분이 좋다', '호흡이 깊어져서 이완할 수 있다'라고 많이들 말씀하셨습니다. 계절과 관계없이 장이 식어 활발하게 움직일 수 없는 상태인 분들이 많다는 이야기겠지요.

간단하며 바로 효과를 체감할 수 있는 습관이므로 꼭 시도해보십시오.

2. 장을 마사지한다

장 마사지는 배의 딱딱함 체크부터 시작합니다.

먼저, 다음 페이지의 그림처럼 배에 여덟 개의 점이 있다고 생각해보십시오. 이것을 ①부터 ⑧ 순서로 눌러 주십시오.

양 손바닥을 겹쳐 검지, 중지, 약지 세 개 손가락으로 부드럽게 누릅니다.

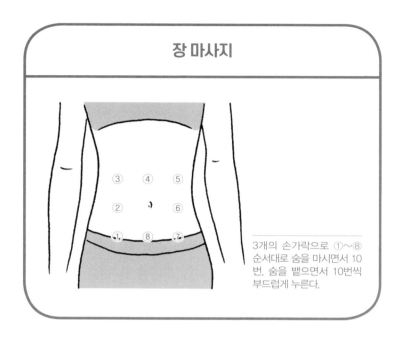

장 마사지

3개의 손가락으로 ①~⑧ 순서대로 숨을 마시면서 10번, 숨을 뱉으면서 10번씩 부드럽게 누른다.

먼저 오른쪽 서혜부(①). 다음으로 배꼽 오른쪽(②). 그다음으로는 오른쪽 갈비뼈에서 약 1cm 아래(③)…….

이처럼 순서대로 누르면서 딱딱하거나 통증이 느껴지는 곳이 있다면 기억해둡시다.

특히 통증이나 딱딱함을 느끼는 사람이 많은 부위는 명치입니다. 스트레스가 쌓인 사람은 이 부분이 뭉치기 쉽습니다.

설사를 잘하거나 반대로 변비인 사람은 ⑦의 왼쪽 서혜부가 아픈 경우가 많습니다. 배의 딱딱함 체크가 끝났다면 드디어 마사지를 해봅시다. 아까와 마찬가지로 ①~⑧ 순서대로 마사지합니다. 역시 손바닥을 모아 3개의 손가락을 사용합니다.

먼저, 숨을 천천히 뱉으면서 10번 누릅니다. 땅을 부드럽게 흔드는 느낌입니다. 힘을 강하게 줄 필요는 없습니다. 특히 통증을 느낄 때는 무리하지 마십시오.

그리고 이번에는 숨을 뱉으면서 마찬가지로 10번 누릅니다.

숨을 들이마시면서 10번, 뱉으면서 10번, 이 1세트를 3번 반복하십시오.

이 마사지를 ①~⑧까지 순서대로 해나갑니다.

마사지가 끝났다면 아까의 딱딱함이나 통증을 느낀 부분을 한번 더 눌러줍니다. 아까보다 부드러워진 것을 느낄 수 있습니다. 이것은 장의 컨디션이 좋아졌다는 증거입니다.

변화를 느끼지 못한 사람은 장이 심하게 굳어 있기 때문입니다. 그 경우에는 초조해하지 말고 매일 마시지를 계속해봅시다. **목욕 후에 몸이 따뜻해졌을 때가 제일 좋은 타이밍입니다.**

장의 컨디션 조절은 뇌에 작용하는 호르몬 분비를 활성화하고 혈액 순환을 개선하는 것이 주된 목적이지만, 그 이외의 효과도 있습니다. 예를 들어 배변은 당연히 좋아지며, 쉽게 체온이 낮아지거나 살이 쉽게 쪘던 체질도 서서히 변화합니다.

피로가 쌓여 있거나 할 때 저하된 면역력을 회복시키는 효과도 기대할 수 있으므로 꼭 습관화해보았으면 좋겠습니다.

습관11
심야의 컴퓨터, 스마트폰 작업을 독서로 바꾸자

취침 전 시간, 자신도 모르게 침대에 누운 뒤에도 스마트폰으로 게임을 하거나 동영상을 보고 메일을 체크하는 사람이 적지 않습니다. 잔업 때문에 집에서 늦은 밤까지 컴퓨터로 작업하는 일이 많은 사람도 있을 것입니다.

지금까지 몇 번이나 이야기했으나 스마트폰이나 태블릿, 컴퓨터에서 나오는 '블루 라이트'는 눈에 큰 부담을 줍니다.

블루 라이트의 폐해는 많이 있으나 수면과 관련된 측면에서 보자면 블루 라이트가 '낮 동안의 빛'과 같다는 것이 문제입니다.

잠을 자려는 시간대에 낮 동안의 빛을 듬뿍 쬐어버리면 뇌가 '지금은 낮이구나'라고 인식합니다. 깨어나서 활동하는 모드가 되어버리는 것입니다.

한 번 이 상태가 돼버리면 눈을 감고 자려고 해도 뇌가 자는

모드로 전환될 때까지는 꽤 시간이 걸립니다. 그 결과, 잠자리가 나빠지며 수면이 얕아집니다.

앞서 말했듯이 저는 고객 여러분께 수면의 깊이를 측정해보라고 부탁드렸습니다. 데이터를 보고 특히 잠이 얕은 날 밤에 어떻게 시간을 보냈는지 물어보면 대부분 '자기 직전까지 컴퓨터로 일을 했다', '침대에서 스마트폰을 만지작거렸다'라는 대답을 합니다.

원활하게 잠을 자고 깊은 잠을 자기 위해서는 취침 전에 가급적 블루 라이트를 쬐지 않아야 합니다. 이를 위해서는 스마트폰이나 태블릿, 컴퓨터를 멀리해야 합니다.

하지만 과하게 신경 쓰지는 않아도 됩니다. 알람을 맞추거나 음악을 듣는 데도 스마트폰을 사용합니다. '농축 수면'에서는 스마트폰 앱으로 수면의 깊이를 측정하기를 권할 정도입니다.

'밤에는 절대로 스마트폰이나 컴퓨터를 보아선 안 된다'라는 말이 아닙니다. 이는 현실적이지도 않습니다.

밤을 보내는 방법을 바꾸기만 하면 됩니다. 지금까지 스마트폰으로 게임을 하거나 컴퓨터로 작업했던 시간을 블루 라이트를 쬐지 않는 다른 시간으로 바꾸어봅시다. 예를 들어 자기 전에 독서를 습관화해보면 어떨까요. 현대인은 인터넷에 접속해 있는 시간이 늘어나는 만큼, 독서에 할애할 시간이 줄어들고 있다고 합니다. 수면을 개선하면서 독서량을 늘리면 인생에 커다란 플러스가 될 것입니다.

독서뿐만 아니라 글쓰기도 추천합니다. 자기 전에 노트를 펴고 일기 쓰는 시간을 가져봅시다.

2장에서는 뇌 피로 대책으로 '불안의 아웃풋 → 고쳐 쓰기', 명상이나 음악을 들으면서 릴랙스, 감사 시간 갖기 등을 권했습니다. 이것들도 블루 라이트를 쬐지 않는 활동이기 때문에 자기 전에 하기에 매우 적합합니다.

또한 지금까지 소개한 스트레칭이나 안정 피로를 해소하는 마사지 등도 실천해보면 밤을 보내기 힘들지 않을 것입니다.

심야까지 스마트폰이나 컴퓨터를 보는 이유는 집에 돌아온 뒤에 오프 모드로 전환되지 않았기 때문이기도 합니다.

집에 있어도 일이 신경 쓰이기 때문에 일이나 회사와 연결되고 싶어 하며, 인터넷에 접속할 수 있는 기기를 손에서 놓지 못합니다.

통근하시는 분들은 비교적 온과 오프의 전환이 잘 이뤄지는 사람들이 많지만, 경영자나 개인사업자 분들은 '24시간 온 모드'인 사람들이 눈에 띕니다.

아무리 바빠도 집에 돌아오면 모드를 바꾸어 오프 시간을 즐

겨봅시다.

이 전환이 가능하다면 자연스럽게 늦은 밤까지 스마트폰이나 컴퓨터를 보는 일도 줄어듭니다.

그러면 좋은 잠을 잘 수 있게 되어 다음 날의 업무 효율이 올라갑니다. 장기적으로 보면 이러는 편이 업무를 잘할 수 있다는 것은 말할 필요도 없습니다.

온오프 전환을 잘하기 위해서라도 명상이나 자연음을 들으면서 릴랙스하는 방법 등도 활용해보십시오.

이번 장에서는 수면의 질을 높이기 위한 11가지 습관을 소개해보았습니다.

'농축 수면'을 위해 이상적으로 하루를 보내는 방법을 감 잡으셨으리라 생각합니다.

여기서 소개한 습관을 갑자기 전부 실행할 필요는 없습니다.

먼저 두세 가지 또는 한 가지만이라도 괜찮습니다. 실천하기 쉬운 방법, '이건 괜찮아 보이네'라고 생각하는 방법을 시도해주십시오.

새로운 생활 습관을 도입해보고 수면에 좋은 영향을 준다고 느낀다면 좀 더 생활을 개선하고 싶어집니다. 그러면 다시 새로운 습관을 시도해봅시다.

무리하지 말고 조금씩 '농축 수면'에 다가가봅시다.

"신은 현재 여러 근심의 보상으로 희망과 잠을 주었다."

- 토머스 아퀴나스

부록

—

'농축 수면'을
실천하고
지속하기 위해

'농축 수면'은 하루아침에 이뤄지지 않는다

∶

지금까지 '농축 수면'을 실천하기 위한 기본적인 방법을 설명했습니다.

1. 뇌 피로를 없앤다.
2. 혈액 순환을 촉진한다.
3. 수면 환경을 정리한다.

이러한 수면 개선의 세 가지 요소를 목적으로 삼아 생활 습관을 바꾸고 깊은 수면을 취해 개운하게 일어날 수 있는 뇌와 몸을 만들어갑시다.

이러한 방법들은 모두 지속적인 노력이 필요합니다.

지금까지 소개한 방법들 중에는 바로 효과를 느낄 수 있는 방법이 많이 있습니다. 하지만 한정된 시간에 질 좋은 잠을 자고 업무 효율을 높여 자유 시간을 늘리는 '농축 수면'을 실현하려면 사람마다 나름대로 시간이 걸립니다.

또한 일단 좋은 습관을 익혀 수면의 질이 상승해도 그만 원래 생활로 되돌아가는 '리바운드'도 주의해야 합니다.

수면을 개선할 때 제일 커다란 장애는 아침에 침대에서 벗어날 수 있는가입니다.

부록에서는 '농축 수면'을 무리 없이 실천하고 지속하기 위한 몇 가지 테크닉과 아침에 기분 좋게 침대에서 벗어나기 위한 각성 요령에 대해 설명하겠습니다.

리바운드 방지를 위해
수면의 깊이를 계속 측정한다

●
●
●

다이어트를 할 때는 측정이 반드시 필요합니다. 식사를 제한하거나 운동하는 노력을 매일 계속해도 그 성과를 측정하지 못하면 의욕이 솟지 않습니다.

체중 감량에 성공해도 방심해서 체중 모니터링을 게을리하면 다이어트 의식이 옅어져 쉽게 원래대로 돌아가고 맙니다. 수면의 개선에 대해서도 같은 이야기를 할 수 있습니다.

생활 습관을 바꾸고 수면 환경을 정돈하여 점점 수면이 깊어지고, 그 과정에서 성취감을 맛보는 것. 한 번 좋아진 수면의 질을 계속 유지하는 것. 이를 위해서는 수면의 질을 측정하고 기록할 수 있는 도구가 필요합니다.

이 시점에서 '프롤로그'에서 등장한 수면의 깊이를 측정하는 앱을 활용해보셨으면 좋겠습니다.

제가 사용 중이며 고객 분들께도 추천하는 앱은 '슬립 사이클'

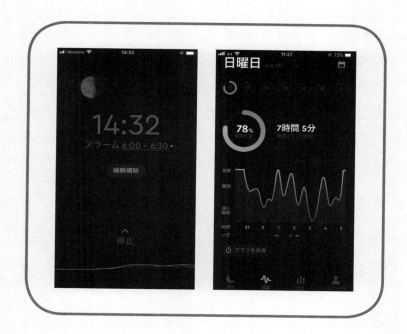

이라는 앱입니다. 수면 로그와 알람 기능이 합쳐진 앱입니다. 위 그림과 같은 화면입니다.

사용 방법은 간단합니다. 스마트폰을 머리맡에 두면 잠든 시간과 일어난 시간, 수면의 깊이 등을 측정할 수 있습니다.

이밖에도 스마트 워치나 활동량 측정기처럼 몸에 장착하는 기기와 연동하는 등 수면의 깊이를 계측하고 기록하는 도구에는 다양한 것들이 있습니다.

취향에 맞는 물건을 사용해도 상관없습니다.

중요한 것은 동일한 도구로 계속해서 수면을 모니터링하는 것입니다.

'농축 수면법'을 실천하여 땅을 파내듯이 조금씩 수면 그래프가 깊어지는 것을 바라보면 즐겁습니다.

반대로 수면이 얕아졌을 때는 '어젯밤에 늦게까지 컴퓨터로 작업했는데 그래서는 안 됐다'라고 문제를 깨달을 수도 있습니다.

스트레칭이나 스쿼트를 소홀히 하기 쉬울 때, 그 악영향이 그래프에 눈에 보이는 형태로 나타나면 다시 운동에 도전할 의욕이 솟습니다.

아침에 스케줄을 만들자

'수면을 개선하고 싶지만 아무래도 아침에는 힘들어서……'라고 느끼는 분도 많으시겠지요.

저 자신도 '농축 수면'이 가능해지기 전까지 아침에 일어나기가 매우 힘들었습니다. '1분이라도 더 자고 싶다'라고 생각하며 알람의 스누즈 버튼을 몇 번이나 누르는 기분을 잘 압니다.

조금 길게 잔다고 해서 피로가 풀리는 것도 아니며, 기분 좋게 일어날 수 있는 것도 아니지만 자기도 모르게 뒹굴거리며 아슬아슬한 시간까지 잠을 자곤 합니다.

하지만 이런 사람이라도 낚시나 골프로 아침 일찍 나가야 하는 스케줄이 있을 때는 아침 일찍 일어납니다.

여행으로 아침 첫 비행기를 타야 할 때는 평소에 7시까지 자던 사람도 새벽에 일어나곤 합니다.

제가 때때로 강연자로 참석하는 경영자 그룹은 아침 5시부터 활동을 시작합니다. 경영자 중에는 원래 아침에 일찍 일어나기 좋아하는 사람이 많지만, 이런 모임이 있으면 아침에 잘 일어나지 못하는 사람도 일어나야 합니다.

결국, 아침에 잘 일어나는가는 수면 부족의 문제라기보다는 의지의 문제라고 할 수 있습니다.

그리고 평소에는 의지력이 부족해도 스케줄이 있을 때, 특히 다른 사람과의 약속이 있을 때는 일어날 수 있습니다. 약속을 깨면 신뢰를 잃게 될 거라는 두려움이 기상을 위한 강제력이 되는 것이죠. 물론 즐거운 약속이라면 기뻐하며 일어나겠지요.

그러므로 일찍 일어나기를 실천하는 방법으로 아침에 스케줄을 만듭시다. 스케줄이 있으면 일어날 수 있다는 간단한 이치입니다.

예를 들어 최근에는 비즈니스맨들 사이에서 '아침 활동'이 유행하고 있습니다. 이른 아침부터 독서 모임이나 스터디 모임, 세미나 등 찾아보면 분명 자신의 흥미나 관심에 맞는 모임을 찾을 수 있을 것입니다. 이런 모임에 참가해보는 건 어떨까요.

좀 더 좋은 방법은 스스로 아침 활동을 주최하는 것입니다. 이러면 틀림없이 스스로 관심이 있는 분야를 주제로 삼을 수 있으며, 주최자가 되면 지각하거나 빠질 수도 없습니다.

운동을 좋아하는 사람이라면 친구와 함께 헬스장에 가거나(지금은 24시간 영업하며 아침 일찍 이용할 수 있는 곳도 많습니다), 러닝을 해도 좋습니다.

포인트는 아침에 만드는 스케줄은 가급적 다른 사람과의 약속이어야 한다는 것입니다.

모처럼 일찍 일어난다면 '혼자서 독서를 하거나 공부하고 싶다, 방 정리나 집안일을 하고 싶다, 빨리 출근해서 일하고 싶다, 운동할 때도 혼자가 좋다'고 말씀하는 분들도 있겠지요.

이런 분들은 아침에 '5시에 일어나 독서를 하자', '6시에 일어나 출근 전에 걷기를 하자'와 같은 혼자서 할 수 있는 스케줄을 만들고 싶을 것입니다.

그런 스케줄을 만들어도 좋지만, '자신과의 약속'은 강제력이 약하다는 문제가 있습니다.

제 고객 분들 중에도 "아침에 스케줄을 만드세요."라고 말하면 "그럼 아침에 일찍 일어나서 일하겠습니다." "저만의 취미 시간으로 만들겠습니다."라며 스케줄을 세우는 분들이 있습니다. 하지만 안타깝게도 '자신과의 약속'으로 아침에 일찍 일어나는 것은 웬만큼 의지가 강하지 않으면 계속하기 어렵습니다.

아무리 5시에 알람이 울려도, '졸리다, 오늘은 패스할까', '어제 늦게 잤으니까'라고 변명하며 다시 잠들고 맙니다.

'자신과의 약속'으로 일찍 일어나는 습관을 들이는 것은 현실적으로 매우 어려운 일이라고 생각하는 게 좋습니다.

시간을 모두 혼자 활용하는 것은 일찍 일어나기가 가능해진 후에 생각하고, 일단 일찍 일어나는 습관을 익히기 위해 다른 사람과의 약속을 이용해보는 것이 현실적인 방법입니다.

"하지만 매일 아침 누군가와 약속을 잡다니 불가능해요."라고 생각할지도 모릅니다. 확실히 그럴 것입니다. 하지만 문제없습니다.

갑자기 매일 아침 일찍 일어나는 생활을 시작할 필요는 없습니다.

오히려 일주일에 한 번만이라도 좋으니 아침에 스케줄을 만들어 일찍 일어나기를 추천합니다.

예를 들어 일주일에 한 번인 아침 스터디 모임에 참가하는 정도라면 그렇게 심리적인 장벽이 높지 않을 것입니다. 일주일에 한 번만이라도 일찍 일어나기가 가능해진다면 그것은 성공한 체험이 됩니다.

지금까지는 매일 아슬아슬하게 늦잠을 잤는데, 예를 들어 5시에 일어나 활동적인 하루를 보냈다면 이 한 번의 실적만으로도 작은 자신감을 갖게 됩니다.

일주일에 한 번 일찍 일어나기를 1년 동안 계속해보면 어떨까요. 꽤 큰 자신감을 얻을 것입니다. '아침 일찍 일어날 수 있으며, 아침 일찍 활동하는 것도 기분 좋다'라고 진심으로 생각하게 됩니다. 여기서 일찍 일어나는 날을 더 늘려보면 됩니다.

어쨌든 먼저 작은 성공 체험을 쌓아가봅시다. 그러기 위해 누군가와 약속을 잡아 아침에 스케줄을 만들어봅시다. 저도 러닝이나 워킹 이벤트를 주최하고 있습니다.

또한 강제력이라는 점에서는 역시 약하긴 하지만, SNS 등을 일찍 일어나기의 보조 도구로 이용하는 것도 좋습니다.

앞에서도 이야기했지만, 저는 '농축 수면'을 배우고 실천하게 된 '졸업생' 분들과 아침 인사를 하는 SNS 그룹을 만들었습니다. '5시 기상 그룹'이라는 이름대로, 5시 전후가 되면 기상한 멤버들이 '좋은 아침입니다. 오늘도 힘내세요.'라고 인사를 합니다.

멤버들 중에는 '최근에 일찍 일어나기를 게을리하는 거 같은데……'라는 사람도 나타나지만, 다른 멤버들이 활기차게 5시에 일어나는 것을 보면 '나도 힘내자'라는 마음이 생깁니다. 새로 들어온 멤버들에게 자극받기도 합니다. 이런 그룹은 일찍 일어나기 습관을 지속할 수 있는 지지대가 되고 있습니다.

만약 지인 중에 일찍 일어나기 습관이 필요해 보이는 동료가 있다면 이러한 SNS 메신저 그룹을 만들거나 페이스북 등에 아침인사 쓰기를 일과로 삼는 등의 방법을 실천해보는 것도 좋습니다.

서로를 감시하거나 주의를 주는 것이 아니더라도 같은 목적을 위해 노력하는 동료의 존재가 있다는 것만으로도 지속하는 힘이 됩니다. 가족이나 친구 등 가까운 사람들을 끌어들여 함께 '농축 수면'을 실천해보는 것도 검토해보면 어떨까요.

일찍 일어나기를 습관화하기 위해서는 혼자서 힘쓰는 것보다 다른 사람과의 관계를 활용하고 누군가와 도움을 주고받는 것이 요령입니다.

'다시 자기의 덫'에서 벗어날 방법을 여러 개 준비하자

●
●
●

'농축 수면'의 직접적인 목표는 짧은 시간으로 질 좋은 잠을 자고 자유로운 시간을 늘리면서 업무 효율을 높여 인생을 더욱 풍요롭게 만드는 것입니다.

모처럼 빨리 기상하는 데 성공해도 '아직 시간이 있으니까'라며 다시 잠들어버리면 수면을 개선하는 의미가 없어집니다.

물론 수면의 질을 높여 깊이 잘 수 있게 되면 아침에도 개운하게 눈뜰 수 있습니다. 제대로 아침에 일어날 수 있으므로 밤에 원활하게 잘 수 있게 되는 측면도 있습니다.

그러므로 아침에 잘 일어날 수 있게 되는 것은 '농축 수면'을 실천하거나 지속하기 위해 매우 중요합니다.

여기까지 아침에 잘 일어나는 데 효과가 있는 습관을 몇 가지 소개했습니다. 하지만 이런 습관을 실천하고도 다시 잠들기의 유혹에 져버리는 것이 인간입니다. 이 덫에서 빠져나가는 방법은 많습니다.

여기에서는 일찍 일어나기를 위한 테크닉을 몇 가지 더 소개해보겠습니다.

1. 다시 잠들기는 의미가 없다는 것을 한 번 더 확인한다

일어났다가 다시 잠들면 확실히 기분이 좋습니다. 하지만 그 이상의 의미가 있을까요?

한 번 눈을 떴으나 출근 시간을 생각하면 조금 여유가 있습니다. '아직 잠이 부족하다'라고 생각해 다시 잠을 잡니다. 이 경우 아슬아슬할 때까지 잔 덕분에 '충분히 잤다'라고 만족한 적이 있으신가요? 아마도 없을 것입니다.

결국 잠이 부족해서 졸린 상태로 당황하며 아침 준비를 하게 될 뿐입니다. 다시 자도 수면의 만족도는 올라가지 않습니다.

실제로 다시 자도 질 좋은 잠을 잘 수 없습니다. 어중간하게 깨어난 후에 어중간하게 자므로 뇌나 몸의 피로를 푸는 데 그다지 의미가 없습니다.

식사에 비유하자면 영양소가 없는 과자를 먹는 일입니다. 한 가지 쾌락이 있음에는 틀림없지만, 즐거움 이외에는 아무것도 없습니다.

다시 잔다고 해서 어제의 피로를 풀 수 있는 것도 아니며 오늘의 업무 효율이 올라가지도 않는다는 것도 한 번 더 인식해봅시다.

2. 일어나기 쉬운 타이밍에 알람을 맞춘다

스마트폰 알람 앱 중에는 수면의 깊이를 측정하고 잠이 얕아진 타이밍에 알람이 울리는 앱이 있습니다.

아까 소개한 '슬립 사이클'에도 이 기능이 있습니다. 10~45분간의 범위(앱 권장 시간은 30분)에서 잠이 얕아진 것을 노려 깨워줍니다.

즉 더 일어나기 쉬운 타이밍에 알람이 울리기 때문에 다시 자기의 유혹에도 지지 않게 됩니다.

깊이 자고 있을 때 시끄러운 소리가 들리는 불쾌함이 줄어드는 것도 장점입니다.

3. 호흡법으로 깨어나라

릴랙스하며 자기 위한 호흡은 깊은 복식 호흡입니다.

반대로 일어나기 위한 호흡은 얕고 빠른 호흡입니다.

눈을 뜨면 '핫핫핫핫' 하고 빠르게 호흡해봅시다.

교감 신경이 우위인 흥분 상태가 되며 깨어나기 쉬워집니다. 이것은 오후의 졸린 시간에 머리를 개운하게 하여 일하고 싶을 때도 사용할 수 있는 테크닉입니다.

4. 근육을 움직인다

근육을 수축시키면 몸은 릴랙스 상태에서 긴장 상태가 되어 각성을 이끕니다.

눈을 뜨면 이불 속에서 근육을 움직여봅시다.

먼저, 손부터 시작합니다. 쭉쭉 손바닥을 쥐었다 펴봅시다.

다음은 발입니다. 손과 마찬가지로 쭉쭉 발가락을 움직입니다. 손보다 어렵지만 그만큼 자극이 강해집니다.

그다음은 천장을 향해 똑바로 누운 상태에서 한쪽 다리의 무릎을 가슴까지 끌어올리는 스트레칭입니다. 좌우 양쪽 모두 해봅시다.

또한 이불 위에서 좌우로 뒹굴뒹굴 구릅니다.

여기까지 하면 꽤 정신이 깨어날 것입니다. 마지막으로 쭉 몸을 늘려 일어납시다.

5. 목소리를 낸다

전화를 받으며 깨어났을 때 처음에는 멍했지만 이야기하면서 머리가 맑아졌던 경험이 있을 것입니다. 목소리를 내는 것도 각성 효과가 있습니다.

눈을 뜨면 목소리를 내는 습관을 들입시다.

하루의 시작이니 가능하면 '안녕'이라든가 '오늘 하루도 힘내자'라든가 '오늘도 좋은 하루가 될 거야'와 같은 긍정적인 말을 추천합니다.

가족과 함께 자는 사람은 너무 긍정적인 말을 하는 게 부끄러

울지도 모릅니다. 그 경우에는 '자, 일어나자'라며 목소리를 내보아도 괜찮습니다.

다만, '아, 회사 가기 싫다'라는 부정적인 말은 하지 않도록 합시다.

6. 마사지를 한다

2장에서 뇌 피로에 효과적인 두개골 마사지를 소개했습니다.

조금 아플 정도의 힘으로 이 마사지를 해보면 잠을 쫓을 수 있습니다.

또한 졸려서 눈이 좀처럼 떠지지 않을 때도 2장에서 소개한 안정 피로 마사지가 효과가 있습니다. 조금 세게 눌러도 좋습니다.

7. 일단 이불이나 침대에서 빠져나온다

아무리 해도 다시 자게 될 때는 일단 침대나 이불에서 빠져나옵시다.

최악의 경우 침대 밑바닥에서 다시 자버리는 일도 있을지 모릅니다. 소파에서 다시 잘 수도 있습니다. 그래도 일단 잠자리에서 빠져나오는 것만으로도 일어날 수 있는 가능성이 커집니다.

8. 하고 싶은 일을 상상하라

자다가 일어나 머리가 멍할 때는 의식이 아직 충분히 작동하지 않습니다.

이 상태를 잘 활용하면서 눈을 뜨는 방법입니다.

다시 한번, 이제부터 달성하고 싶은 목표, 하고 싶은 일 등을 노트에 쓰고 머리맡에 둡니다. 깨어나면 바로 이 노트를 바라봅니다.

의식이 확실할 때는 목표를 세워도 회의적인 생각이 떠오르기 쉽습니다. 예를 들어 '연 수입 1억 엔'이라는 목표를 세워도 '아무리 노력해도 무리겠지'라고 생각하고 맙니다.

자다 일어나 충분히 사고가 되지 않을 때는 이 냉정하고 회의적인 자신이 나타나지 않습니다. '연 수입 1억 엔'이라는 목표가 그대로 머릿속에 들어옵니다.

그러므로 정말 실현할 수 있을 것 같은 느낌이 들며 목표 달성을 위한 방법을 떠올릴 수 있게 됩니다. 그러면 가슴이 두근거리며 흥분되어 눈이 떠집니다.

이상으로 여덟 가지 테크닉을 소개했습니다. 물론 모두 해야 할 필요는 없습니다. 이 중에서 몇 개를 조합해 '다시 자기'의 덫에서 탈출해봅시다.

저도 아침에 눈을 뜰 때 '졸리다', '조금 더 자고 싶다'라고 느낍니다. 그럴 때 떠올리는 것이 일찍 일어나기가 특기였던 할머니의 입버릇입니다.

"지금 일어나든 나중에 일어나든 졸린 건 마찬가지야."

이 말이 매우 인상적이라 지금도 일찍 일어나기에 도움이 되고 있습니다. 다시 자지 않고 일찍 일어나기에 성공하기 위한 기본은 이러한 사고방식입니다.

아침의 루틴을 정하라

●
●
●

　'좀 더 자고 싶다'라는 유혹에 맞서 승리하여 어떻게든 침대에서 벗어날 수 있게 되었다고 해도, 지금부터 원활하게 활동을 시작하기 위해서는 또 하나의 습관이 도움이 됩니다.

　그것은 아침 루틴을 정하는 것입니다.

　침대에서 나와 출근할 때까지 동선을 미리 정해두고 매일 아침 찍어낸 듯이 같은 행동을 하도록 노력하는 것입니다. 예를 들면 다음과 같습니다.

　1. 침대에서 나온다.
　2. 커튼을 연다.
　3. 화장실에 간다.
　4. 이를 닦고 세수를 한다.
　5. 옷을 갈아입는다.

6. 물을 마신다.

이처럼 자신의 아침 행동 스케줄을 미리 정해두는 것입니다. '아침에 일어나기'는 누구든 졸려서 머리가 작동하지 않는 시간대에 실천합니다. 그런데 '다음엔 뭘 하지?'라며 행동을 알 수 없게 되어버리면 머리가 혼란해집니다.

헤매거나 결단하는 일은 뇌의 에너지를 사용합니다. 그러면 뇌의 혈류가 저하되어 점점 더 졸음을 불러옵니다. 잘못하면 '다시 자기'의 유혹에 져버리기 쉽습니다.

그런 점에서 일어난 후에는 언제나 같은, 정해진 행동을 하면 머리가 돌아가지 않아도 아무것도 생각하지 않고 행동할 수 있습니다. 그리고 행동하면서 뇌를 비롯한 전신의 혈류가 좋아짐으로써 졸음이 깨고 제대로 깨어날 수 있습니다.

'아침 루틴을 정하라', '매일 같은 행동 동선을 따라간다'라는 습관을 이미 실천하고 계신 분도 많을 것입니다.

특히 '루틴'으로 의식하지 않았으나 '그리고 보니 매일 아침 똑같이 움직여서 출근하고 있구나'라고 생각하는 사람도 있을 것입니다.

아침을 힘들어하며 아슬아슬할 때까지 자는 사람일수록 정해진 시간에 준비를 끝내야 합니다. 이런 사람들 중에는 자신도 모르는 사이에 질서정연한 루틴을 따르는 사람도 있습니다.

또는 맞벌이를 하며 아이 준비도 시키고 유치원까지 보내야 하는 가정은 아침이 전쟁일 것입니다. 그런 경우야말로 분 단위로 루틴을 정해야 하지 않을까요.

이처럼 이미 정해진 루틴이 있다면 그것을 활용해주십시오. 아슬아슬할 때까지 자기 위해 만든 질서정연한 루틴을 앞으로는 아침에 빨리 일어나는 데 활용해보면 어떨까요.

예를 들어 30분 빨리 일어나 지금과 같은 루틴을 진행해보면 아침에 마음의 여유가 생겨납니다. 느긋한 마음으로 하루를 시작할 수 있다면 업무 효율에도 좋은 영향을 주며, '내일도 일찍 일어나자'라며 의욕이 자연스레 높아집니다.

'매일 일찍 일어나기에 성공하지 못해도 괜찮아'라고 생각하자

●
●
●

고객 I씨는 보험회사 영업사원입니다. 항상 결과를 내도록 요구받으며, 고객과의 관계에서 신경 써야 할 일도 많은 힘든 업무입니다.

바쁜 매일의 생활 속에서 아침 시간을 효과적으로 활용하고 싶다는 생각에 3개월 전부터 '농축 수면' 코스를 수강하고 있습니다.

이전의 I씨는 아침 8시에 일어났습니다. 현재는 매일 아침 알람을 5시 55분에 맞추어 놓습니다. 취침 시간은 밤 12시~새벽 1시 사이이며 수면 시간은 5~6시간 정도입니다.

일찍 일어나기 시작하면서 I씨는 아침 6시부터 1~2시간을 자유롭게 사용할 수 있게 되었습니다. 하루의 스케줄을 검토하거나 목표를 설정하는 사색에 집중할 수 있는 시간이 생긴 것입니다. 그 덕분에 업무 효율이 순조롭게 올라갔습니다.

하지만 I씨는 반드시 5시 55분에 매일 일어나지는 않습니다.

"100퍼센트 일찍 일어나기는 아직 어렵습니다. 일주일에 5일 정도는 일어날 수 있게 되었습니다. 남은 2일은 술을 좀 마셔서……. 그래도 '뭐, 괜찮아'라고 생각합니다."

술을 마신 다음 날 아침 등 일어날 수 없는 날도 있습니다. 하지만 일주일 중 6일은 일어날 수 있게 되었습니다. 그 결과, I씨의 업무 효율은 눈에 띄게 상승했습니다.

매일 일어날 수 있게 '아직 도전 중'이라고는 하지만, 지금 현재의 성과에도 꽤 만족하고 계신 것 같다고 느꼈습니다.

'농축 수면'을 좌절하지 말고 실천해나가기 위해서는 유연함도 필요합니다. 일어나지 못한 날이 있다고 해서 실패는 아닙니다.

일주일에 5일은커녕 1일이라도 일찍 일어나기가 가능해진다면 진보했다고 할 수 있습니다. 적어도 착실한 진보를 느끼면서 더 앞으로 나아갈 의욕이 생깁니다.

갑작스럽게 이상적인 수면을 목표로 하지 말고 현실적인 성과를 기뻐하면서 수면을 개선해나가는 것을 목표로 해봅시다.

"7시간은 자야 업무 효율을 낼 수 있다고 생각했으나, 마츠모토 씨의 강의를 듣고 생각이 바뀌었습니다. '몇 시간 자야 한다'라는 생각이 사라졌습니다."라고 I씨는 이야기합니다.

'농축 수면'의 개념을 이해하고 수면에 대한 집착을 버리면 하루를 보내는 방법도 달라집니다. 지금까지 '잠이 부족하니 오늘은 안 되겠어'라고 생각했다면, '할 수 있는 일에 힘내보자'라는 자세로 행동할 수 있게 되기도 합니다. 그러면 그날 밤에는 푹 잘 수 있는 선순환도 생겨납니다.

잠을 잘 자는 사람은 깨어 있는 시간에 높은 효율을 발휘할 수 있습니다. 낮 동안 활발하게 움직인 사람은 밤에 깊은 잠에 원활하게 들 수 있습니다. 좋은 수면과 높은 업무 효율이란 이러한 사이클로 계속 연결되어갑니다.

아침이든 낮이든 밤이든 그때 더 좋은 행동을 선택할 것. 그 반복이 '농축 수면'을 실현하는 길입니다.

저는 지금까지 '농축 수면법'을 실천하는 고객 분들을 많이 보아왔습니다. 그중에는 수면을 통해 삶의 방식이 달라진 분도 많이 계십니다. 질 좋은 잠을 잘 수 있게 되어 업무 효율이 높아진 것뿐만이 아닙니다.

정말 하고 싶은 일을 발견한 사람.

그 결과, 이직한 사람.

새로운 일자리를 찾아 해외에 진출한 사람.

사업을 시작한 사람.

지금까지 일 중독이었으나 진심으로 즐길 수 있는 취미를 찾은 사람.

가족과의 시간을 소중히 하게 된 사람.

농축 수면으로 인해 나타난 변화는 각각 다릅니다. 그러나 더 충실하며 행복한 방향으로 한 발자국 나아가게 되었다는 공통점이 있습니다. '농축 수면법'은 직접적으로 수면의 질을 개선하기 위한 방법입니다.

한정된 시간에 질 좋은 잠을 잘 수 있게 되면 몸과 마음의 컨디션이 좋아지며 업무 효율이 상승합니다. 그러면 자유 시간도 늘어납니다. 새로운 일에 도전할 시간적 여유가 생기고 의욕도 높아집니다. 부정적인 정신에서 긍정적인 정신으로 자연스럽게 바뀌며, 몸도 건강해집니다. 그러면 행동력도 올라갑니다.

목표가 있는 사람이라면 노력하는 방법이 달라져 목표 달성이 가속화됩니다. 무엇보다도 정신과 신체가 정돈되어 마음이 풍요로워진다는 점이 중요합니다. 마음이 풍요로워지면 그만큼 인생을 즐길 수 있게 됩니다.

어제와 똑같이 일해도, 아무렇지 않은 일상을 보내도, 살아가는 기쁨을 찾을 수 있게 됩니다.

'농축 수면'을 배우고 실천하는 최종 목적은 당신의 풍요로운 인생을 실현하는 것입니다. 매우 장대한 목표라고 생각할지도 모릅니다. 이 책에 소개한 작은 습관의 축적들이 이 목표를 위해 해야 할 일들입니다. 부디 무리하지 말고 즐기면서 가능한 일을 한 가지씩 시도해보셨으면 좋겠습니다.

이 책이 언제까지나 당신 곁에서 도움이 되기를 바랍니다. 마지막까지 읽어주셔서 정말 감사합니다.

자고 싶을 때 못 자고,
깨고 싶을 때 못 깨는 사람들을 위한 책

농축 수면

초판 1쇄 인쇄일 ㅣ 2021년 2월 10일   초판 1쇄 발행일 ㅣ 2021년 2월 15일

지은이 ㅣ 마츠모토 미에
옮긴이 ㅣ 박현아
펴낸이 ㅣ 강창용
책임편집 ㅣ 정민규
디자인 ㅣ 가혜순
영 업 ㅣ 최대현

펴낸곳 ㅣ 느낌이있는책
출판등록 ㅣ 1998년 5월 16일 제10-1588
주 소 ㅣ 경기도 고양시 일산동구 중앙로 1233(현대타운빌) 407호
전 화 ㅣ (代)031-932-7474
팩 스 ㅣ 031-932-5962
이메일 ㅣ feelbooks@naver.com
포스트 ㅣ http://post. naver.com/feelbooksplus
페이스북 ㅣ http://www.facebook.com/feelbooksss

ISBN 979-11-6195-126-3   13590